AF842412

DIETMAR BLEIDICK

Bergbau

Populäre Irrtümer und andere Wahrheiten

KLARTEXT

BILDNACHWEIS

AdobeStock: © fotografci: 3, © Lovethewind: 6/7, 8/9, © Frank Ebert; Baedeker Jahrbuch 1911/12, Beilage: 11 u.; Bildarchiv der Stadt Herne: 31, Bildarchiv der Stadt Herne/Gerd Peters: 75; Bildarchiv der Stadt Herne/Rolf Baumann: 83; Dietmar Bleidick: 4, 14, 21, 22, 61, 67, 69; Emschergenossenschaft: 65; Festschrift zum 50jährigen Bestehen des Bergbauvereins, 1908: 30; Funke Foto Services/Fabian Strauch: 99; Historisches Archiv BP/Aral: 36, 47, 48, 54, 82, 89; Historisches Konzernarchiv RWE: 11 o., 72; Imago Images: IMAGO/Blickwinkel: 4/5; Jahrbuch für den Ruhrkohlenbezirk, 1938: 49; LWL-Industriemuseum/M. Holtappels: 55, 95r.; LWL-Industriemuseum/Annette Hudemann: 95l.; LWL-Industriemuseum/Marina Weigl: 95m.; Meyers Lexikon Bd. 2, 5. Aufl. 1894: 13; Montanhistorisches Dokumentationszentrum beim Deutschen Bergbau-Museum Bochum (montan.dok): 24, 27, 37, 59, 71, 73, 81, 85, 88, 92, 94, 97; Museum Folkwang Essen – ARTHOTHEK: 87; picture-alliance/dpa/Ducklau: 93; picture alliance/SvenSimon/Elmar Kremser: 77; picture alliance/Jochen Tack: 62; Sammlung Manfred Bähr: 29, 63; Sammlung Dirk Ernesti: 35; Institut für Stadtgeschichte Gelsenkirchen, FS I 10786/ Foto: Theo Weingandt: 91; Stadtarchiv Mülheim/Ruhr: 23; Stadtarchiv – Zentrum für Stadtgeschichte Bochum: 32, 33, 34, 39, 41, 45, 57; Stadt Bochum/Bildarchiv: 15, 42, 91; Vereinigte Stahlwerke AG, Allgemeiner Führer 1930: 43; Westfälische Berggewerkschaftskasse (Hg.), Grundriß der Bergtechnik, 3. Aufl. Essen 1985, S. 258: 19; ebd. S. 255: 18; Wikipedia: Von Markus Schweiss - Eigenes Werk, CC BY-SA 3.0, https://commons.wikimedia.org/w/index.php?curid=1694700; Von Johann Christoph Rincklake - [1], gemeinfrei, https://commons.wikimedia.org/w/index.php?curid=3528899: 20; Von Veddeler, Peter; Wappen, Siegel, Flaggen; Münster 2003; S. 128 und 389; ISBN 3-87023-252-8; Diese Datei wurde von diesem Werk abgeleitet: Parted quarterly.svg:, gemeinfrei, https://commons.wikimedia.org/w/index.php?curid=18009911: 76

Bibliografische Information der Deutschen Nationalbibliothek
Die Deutsche Nationalbibliothek verzeichnet diese Publikation in der Deutschen Nationalbibliografie; detaillierte bibliografische Daten sind im Internet über portal.dnb.de abrufbar.

IMPRESSUM

1. Auflage April 2021
Lektorat: Marielle Banker
Layout und Satz: Joachim Bartels/Bettina Steinacker
Umschlagabbildungen: AdobeStock/© m_haberstock; Funke Foto Service/Kai Kitschenberg; Funke Foto Service/Knut Vahlensieck, IMAGO/imagebroker; IMAGO/epd/Rolf Zoellner; Udo Kickstein; Rheinhauser Bergbausammlung; Wikipedia: Von Stahlkocher, CC BY-SA 3.0, https://commons.wikimedia.org/w/index.php?curid=23859678; Von Johann Christoph Rincklake - [1], Gemeinfrei, https://commons.wikimedia.org/w/index.php?curid=3528899

Druck und Bindung: Linsen Druckcenter GmbH, Siemensstr. 12-14, 47533 Kleve
© Klartext Verlag, Essen 2021
Alle Rechte vorbehalten
ISBN 978-3-8375-2313-3

KLARTEXT

Jakob Funke Medien Beteiligungs GmbH & Co. KG
Jakob-Funke-Platz 1, 45127 Essen
info.klartext@funkemedien.de
www.klartext-verlag.de

Inhalt

Der Autor

Dietmar Bleidick
In Bochum geboren, hier auch Studium der Wirtschafts- und Technikgeschichte. Historiker von Beruf, Bergbauhistoriker aus Berufung nach fünfjähriger Tätigkeit als studentische Hilfskraft im Deutschen Bergbau-Museum Bochum. Zahlreiche Publikationen zum Ruhrbergbau und zur Geschichte des Ruhrgebiets. Seit 2015 Schriftleiter der Zeitschrift „Der Anschnitt – Zeitschrift für Montangeschichte".

Zum Geleit

Kohle ist das Erste, was den meisten einfällt, wenn es um das Ruhrgebiet geht. Sie ist tief in der Erinnerung der Region verhaftet, Ausgangspunkt zahlloser Erzählungen und Legenden. Der Kohlenpott gilt als Mythos, der Kumpel als Prototyp seiner Einwohner, Bergarbeit als Beispiel für Zusammenhalt und Kameradschaft. Überall halten Zechenanlagen mit ihren Fördergerüsten das Gedenken an die Vergangenheit, das Bild des Ruhrgebiets aufrecht. Industriekultur ist angesagt, nicht immer frei von Verklärung, aber jederzeit geeignet für spannende Freizeitbeschäftigung!
Dabei ist Kohle im Ruhrgebiet nicht erst seit der Schließung der letzten Zeche Prosper-Haniel in Bottrop 2018 Geschichte. Wer weiß heute noch, wie echte Steinkohle aussieht? Wer kennt echte Bergleute, hat welche in der Familie oder im Freundeskreis? Schon mit der Kohlenkrise der 1960er-Jahre begann die Abkehr vom Bergbau. Das schwarze Gold stand nun auf einmal nicht mehr für Wirtschaftskraft und Wohlstand, sondern für Arbeitslosigkeit und Probleme. Bis heute ist der Strukturwandel nicht abgeschlossen und auch die gravierenden Auswirkungen des Bergbaus auf die Umwelt werden uns zukünftig noch beschäftigen.
Dieses Buch lädt ein zu einer Zeitreise in die Welt der Kohle im Ruhrgebiet von den Anfängen bis zum Ende. Es zeichnet ein buntes Bild von Leben und Arbeit der Bergleute, erklärt technische und wirtschaftliche Zusammenhänge und die Bedeutung der Kohle für das Industriezeitalter. „Kohle war nicht alles", so lautet ein geflügelter Spruch. Ob sie es nicht vielleicht doch war, mag jeder selbst entscheiden.

Glückauf!

Aha

Aus der Bergmannssprache

Der Bergbau hat im Laufe der Zeit eine eigene Sprache entwickelt. Einige Begriffe wurden durch den häufigen Gebrauch Teil der Alltagssprache im Ruhrgebiet. Die folgende, bei Weitem nicht vollständige und vereinfachte Übersicht fasst wichtige zusammen:

Abbauen	**Kohle gewinnen**
Abteufen	**Bau eines Schachtes**
Alter Mann	**Abgebauter und eingebrochener Teil des Flözes**
Anlegen/Abkehren	**Arbeit auf einer Zeche annehmen oder beenden**
Arschleder (Leder)	**Schutzleder für das Gesäß (wird auch im Steigerlied besungen)**
Auffahren	**Einen Grubenbau herstellen**
Ausbau	**Alle Formen der Abstützung des Deckgebirges**
Ausrichtung/Vorrichtung	**Aufschluss einer Lagerstätte und Vorbereitung für den Abbau**
Bau	**Jede Art von bergmännisch hergestelltem Grubenraum**
Berechtsame	**Nutzungsrecht an Grubenfeldern**
Bergamt	**Für den Bergbau zuständige Behörde**
Berge (Abraum)	**Bei der Kohlengewinnung oder Herstellung von untertägigen Grubenbauen anfallendes Nebengestein, das über Tage auf Halden abgelagert wurde**
Bergregal	**Landesherrliches Verfügungsrecht über Rohstoffvorkommen oder Rohstoffe**

Bergschaden	Schaden durch Absenken der Erdoberfläche
Bewetterung	Belüftung eines Bergwerks
Deckgebirge	Flözfreie Gebirgsschichten oberhalb der Kohle
Einfallen	Neigung der geologischen Schichten
Erbstollen	Stollen zur Entwässerung und Belüftung eines Bergwerks
Fahren	Jede Form der Fortbewegung im Bergwerk (Bergleute „fahren" auch, wenn sie zu Fuß gehen!)
Feiern	Absichtliches Blaumachen oder vom Arbeitgeber veranlasste Fehlschicht
Flöz	Kohleführende Schicht unter Tage; Teil einer Lagerstätte
Förderung	Transport der Kohle; Gesamtmenge der gewonnenen Kohle
Gewerkschaft	Älteste Rechtsform von Bergwerksbetrieben (nicht zu vergleichen mit der heutigen Bedeutung als Arbeitnehmervertretung)
Gewinnen	Kohle abbauen
Gezähe	Bergmännisches Werkzeug
Glückauf	Bergmannsgruß, der sowohl die Hoffnung auf einen ertragreichen Bergbau als auch auf ein gesundes Wiedersehen der Erdoberfläche aus drückt
Göpel	Seilwinde
Grubenfeld	Bereich einer Bergbauberechtigung
Grubengebäude	Sämtliche untertägigen Bereiche einer Zeche
Grubenunglück	Unfall im Bergbau mit mehreren Verletzten oder Toten
Halde	Ablagerung von Bergen

Aha

Hangendes/Liegendes	Schichten über und unter einem Flöz
Hauer	Erfahrener Bergmann
Kaue	Umkleide- und Waschraum der Bergleute
Knappschaft	Bergmännische Sozialversicherung; Belegschaft eines Bergwerks
Koks	Produkt der Steinkohlendestillation; Einsatzstoff für Hochöfen
Konsolidation	Rechtliche Zusammenfassung von mehreren Bergwerken
Kumpel	Bergmann
Markscheiderei	Bergmännisches Vermessungswesen (von „Mark“ = Grenze)
Methan	In der Kohle enthaltenes Gas, in einem gewissen Anteil in der Luft hochexplosiv und Auslöser von Grubenunglücken
Montanindustrie	Bergbau, Eisen- und Stahlindustrie (von lateinisch mons = Berg)
Mundloch	Eingang eines Stollens oder Schachtes
Mutung	Antrag auf Verleihung eines Grubenfeldes bei der Bergbehörde
Ort	Ende einer Strecke, allgemeine Bezeichnung für Grubenbaue (daher „vor Ort“)
Querschlag	Grubenbau quer zum Verlauf der Gebirgsschichten
Revier	Zuständigkeitsbereich im Bergwerk oder einer Bergbehörde; Bergbauregion
Schacht	Grubenbau zur Erschließung einer Lagerstätte von der Oberfläche nach unten
Schicht	Arbeitszeitraum
Schießen	Verwendung von Sprengstoff

Sohle	Stockwerk im Grubengebäude, Boden einer Strecke oder eines Stollens
Steiger	Staatlicher Bergbeamter, später höherer Zechenangestellter
Steinkohlengebirge	Gesamtheit aller Gesteinsschichten, in denen Flöze liegen
Stollen	Waagerechter Zugang zum Bergwerk bzw. einer Lagerstätte
Streb	Abbauraum innerhalb einer Lagerstätte bzw. eines Flözes
Strecke	Horizontaler Grubenbau zur Fahrung und Förderung, im Gegensatz zum Stollen ohne Zugang der Tagesoberfläche
Vortrieb	Auffahren eines Stollens oder einer Strecke
Tagesanlagen	Gebäude und Anlagen einer Zeche über Tage
Teufe	Tiefe
Tiefbau	Bergbau mit Schächten und der Notwendigkeit, das Grubenwasser abzupumpen
Über Tage	An der Erdoberfläche
Unter Tage	Im Bergwerk
Verleihung	Erteilung des Abbaurechts an einen Muter durch die Bergbehörden
Versatz	Verfüllung abgebauter Flöze mit Gestein
Wasserhaltung	Abpumpen des Grubenwassers und Anlagen dazu
Wetter	Luft im Bergwerk, je nach Methangehalt eingeteilt in frische, matte, böse, schlagende Wetter
Zeche	Allgemeiner Begriff für Bergwerke und Gruben

Auf Kohle gebaut

Was ist eigentlich das Ruhrgebiet, wo fängt es an und wo endet es? Heute kann diese Frage niemand mehr beantworten, denn unsere Region hat seine Grenzen verloren. Ganz gleich, wo man sie stellt, man erhält unterschiedliche Antworten.

Das Ruhrgebiet ist eher ein Gefühl oder eine Vorstellung. Gehört man dazu oder nicht, das entscheidet jeder selbst. Längst fehlt der Region die Identität, ein gemeinsames Band, das ein Zusammengehörigkeitsgefühl erzeugt.
Früher war das ganz anders, denn das alte Ruhrgebiet war klar definiert. Es befand sich dort, wo Steinkohle gefördert und Stahl gekocht wurde. Nicht umsonst nannte man es bis in die 1920er-Jahre ausschließlich Rheinisch-Westfälisches Industriegebiet und danach bevorzugt Ruhrrevier. Allein dieser Begriff zeigt die enge Verbindung zum Bergbau, wo das Revier einen Bereich im Bergwerk bezeichnete. Folglich wussten die Menschen, wo sie sich befanden. Äußeres Kennzeichen der Region war der Rauch aus tausend Feuern, der eine flächendeckende Dunstglocke erzeugte. Die inneren Landmarken bildeten zwischen 150 und 250 Zechen mit ihren Kokereien. Dazwischen befanden sich die großen Betriebe der Montankonzerne, zahllose Zulieferunternehmen für Bergbaumaterial und die Verkehrsinfrastruktur. Alles andere und insbesondere das tägliche Leben wurde den Anforderungen der Wirtschaft untergeordnet.
Den Ausgangspunkt für die Entstehung des Ruhrgebiets bildeten die reichhaltigen Kohlenvorkommen. Da Kohle zu Beginn der Industrialisierung Mitte des 19. Jahrhunderts bei der Herstellung von Eisen und Stahl gewichtsmäßig den größten Anteil ausmachte, besaß das entstehende Ruhrgebiet einen bedeutenden Standortvorteil. Die Transportkosten für Eisenerze und sonstige Rohstoffe waren geringer, sodass sie ins Ruhrgebiet gebracht wurden. Aus diesem Grund entstand hier die Stahlindustrie als zugleich größter Kohlenverbraucher. Alle weiteren Unternehmen orientierten sich an diesen beiden Leitbranchen und es entwickelte sich eine wirtschaftliche Monostruktur, die sehr anfällig für Krisen war. Ging es Kohle und Stahl schlecht, litten alle.

Mit der Kohlenkrise seit den späten 1950er-Jahren brach dieses Wirtschaftssystem zusammen. Die Zechen verschwanden nach und nach, und mit ihnen verloren die Menschen ihren Bezugspunkt zum Ruhrgebiet. Schon lange vor der Schließung der letzten Zeche Prosper-Haniel in Bottrop Ende 2018 hatte das alte Ruhrgebiet aufgehört zu existieren. Ein neues ist bislang nicht gefunden worden. Wir leiden weiterhin unter dem immer noch nicht bewältigten Strukturwandel, sind aber längst auf dem Weg zu einer Region mit einer differenzierteren Wirtschaft. Damit unterscheidet sich das Ruhrgebiet jedoch nicht mehr so stark vom Umland. Es ist eine gewisse Normalität eingekehrt – allerdings unter Verlust der ursprünglichen Identität, waren wir doch auf Kohle gebaut.

Zeche Victoria Matthias mit RWE-Kraftwerk, Essen-Segeroth, um 1930

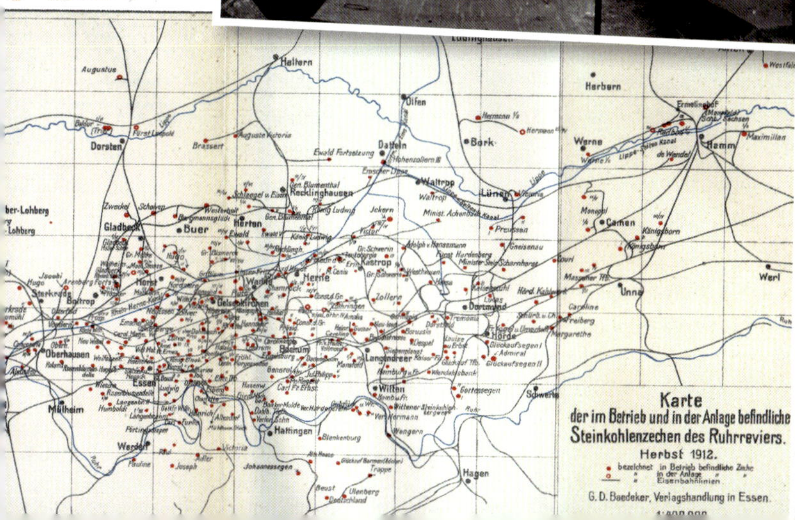

Populärer Irrtum

Überall nur Steine?

Die Steinkohlenvorkommen des Ruhrgebiets entstanden vor rund 300 Mio. Jahren. Während des Karbonzeitalters wuchs in einem feucht-warmen Klima im Bereich von Seen, Sümpfen und Mooren eine üppige Pflanzenwelt. Diese starb durch regelmäßige Überschwemmungen ab und wurde durch Sedimente überlagert.

Im Laufe der Zeit bildete sich ein dickes Schichtenpaket, in dem sich die Pflanzenreste durch hohen Druck und chemische Prozesse umformten. Während sich der Torf der Moore durch Inkohlung nach und nach in Kohlenflöze verwandelte, bildeten die Sedimente die Zwischenlagen des sogenannten Steinkohlengebirges. Flöze besitzen eine Stärke von bis zu 2,5 Metern, häufig jedoch nur von weniger als einem Meter. Sie liegen meist nicht waagerecht, sondern besitzen eine gewisse Neigung.

Der Grad der Inkohlung ist abhängig vom Alter der Schichten und zugleich ausschlaggebend für die Eigenschaften und Verwendungsmöglichkeiten der Kohle. Kohlensorten unterscheiden sich vor allem durch den Anteil an flüchtigen Bestandteilen (Methangas). Die alten gasarmen Kohlen liegen meist in tieferen, die jüngeren gasreichen Kohlen in höheren Schichten. Im Ruhrgebiet sind sie jedoch so gelagert, dass man im Norden auf alle Arten stößt, während im Süden mit wenigen Ausnahmen alte Magerkohlen anstehen. Im Norden befinden sich außerdem erheblich größere Vorkommen. Von besonderer Bedeutung waren hier die Fettkohlen mit mittlerem Gasgehalt, da nur diese zu dem von der Eisen- und Stahlindustrie benötigten Koks verarbeitet werden konnten.

Im Laufe der Zeit wurden die Steinkohlenschichten mit einem Deckgebirge überlagert. Im Bereich des Ruhrtals endet das Steinkohlengebirge. In dieser Gegend liegt die Kohle an der Erdoberfläche, sodass hier der Ruhrbergbau begann. Nach Norden nimmt die Mächtigkeit des Deckgebirges zu und die Flöze liegen in immer größerer Tiefe. Gleichzeitig wurde das Steinkohlengebirge durch geologische Verschiebungen wellenförmig zu Mulden und Sätteln aufgefaltet, die

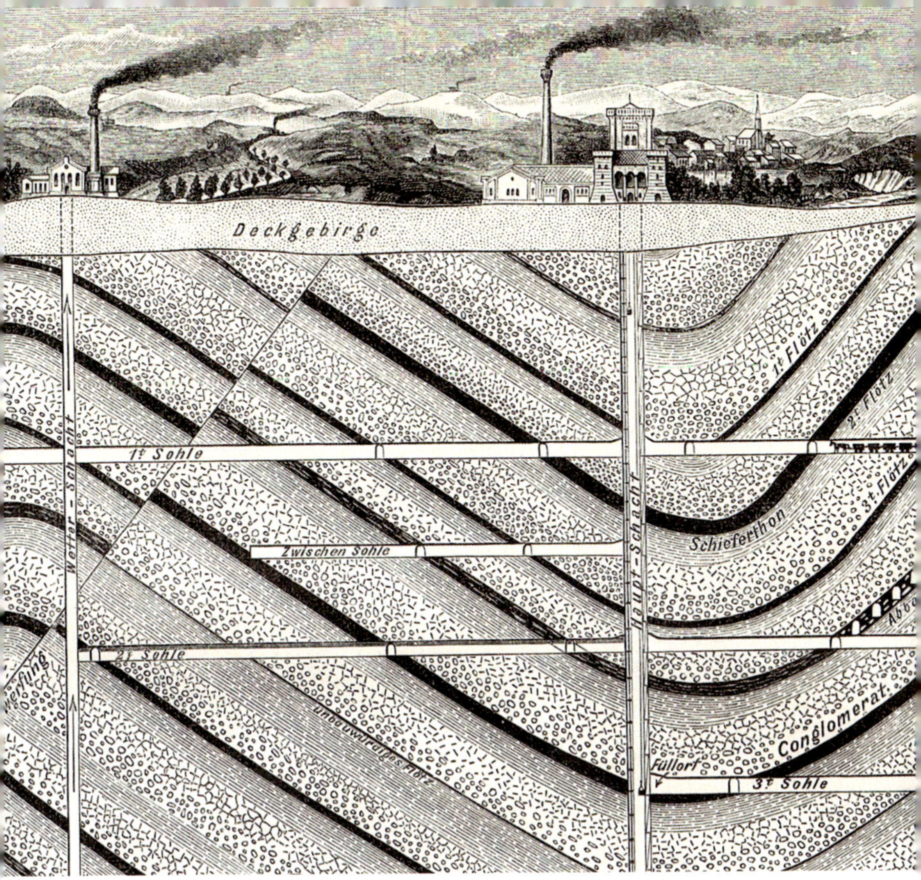

Schichten des Steinkohlengebirges

von Südwest nach Nordost verlaufen oder streichen, wie der Bergmann sagt. Hinzu kommen unter anderem durch Überschiebungen und Brüche des Gebirges hervorgerufene Störungen. Flöze enden plötzlich und beginnen an anderer Stelle wieder. Vor diesem Hintergrund war der Bergbau bis ins 20. Jahrhundert hinein trotz Probebohrungen und aller geologischen Erkenntnisse immer auch eine Glücksfrage, da häufig die Vermutung noch gesicherte Erkenntnisse ersetzte. So brachte ein Schacht oder Stollen am „falschen" Punkt durch instabiles Gebirge, hohe Wasserzuflüsse oder schlechte Lagerungsbedingungen der Kohle Probleme und sorgte unter Umständen für einen von Beginn an unwirtschaftlichen Bergwerksbetrieb.

Von Pütten und Pingen

Aha EXTRA

An zahlreichen Stellen zwischen dem Dortmunder und Mülheimer Süden und insbesondere in Witten und Bochum liegt die Kohle an der Erdoberfläche. Hier wurde seit dem Mittelalter Bergbau betrieben, wenn auch nur in sehr geringem Umfang. Die älteste Gewinnungsart der Steinkohle war die Kohlengräberei. Dazu wurde ein Flöz von der Erdoberfläche aus im Tagebau so lange abgebaut, bis diese als Pinge bezeichnete Grube mit Grund- oder Regenwasser volllief. Dann wurde einige Meter weiter ein neues Loch gegraben, sodass nach und nach perlschnurartig aneinandergereihte Pingenzüge entstanden. Teilweise wurden Flöze auch in einem durchgehenden Graben abgebaut. Seit dem 15. Jahrhundert wurden zudem kleine, brunnenartige Schächte (Pütten) angelegt und die Kohle mithilfe von Handhaspeln (Winden) an die Oberfläche gebracht. Auch hier markierte das Grundwasser die Abbaugrenze.
In dieser Zeit entstand wohl auch die Bezeichnung „Pütt" für Zeche bzw. Grube. Sie leitet sich von den mit Wasser gefüllten Pingen, den Kohlenpfützen, ab und geht auf das lateinische Wort „puteus" für Brunnen zurück.
Ebenfalls im 15. Jahrhundert wurden die ersten Stollen von der Talsohle in den Berg getrieben. Ein leichtes Gefälle sorgte für den Abfluss des Wassers, sodass der gesamte Kohlenvorrat über dem Stollen abgebaut werden konnte. Zumeist waren diese Stollen über Schächte mit der Tagesoberfläche verbunden.
Die Spuren dieses frühen Bergbaus sind an den Ufern der Ruhr an zahlreichen Stellen erkennbar. Neben Kohlengräberlöchern finden sich eingestürzte Reste von Stollen und Schächten sowie Abraumhalden.

Pingenlandschaft in Gevelsberg-Silschede, 2020

Zechenlandschaft in Bochum-Werne/-Langendreer um 1955

Wer ist der Größte im Lande?

Bergbau bedeutete für das Ruhrgebiet trotz aller negativen Begleiterscheinungen die Grundlage für einen gewissen Wohlstand. Die Zechen boten nicht nur Hunderttausende Arbeitsplätze, sondern waren auch Steuerzahler. Die Kommunen konnten zwar nicht um deren Standorte konkurrieren, gefielen sich aber bald darin, sich als „Hauptstadt" des Ruhrkohlenbergbaus darzustellen. Dortmund präsentierte sich als Sitz des Oberbergamtes, Essen als Sitz des Kohlensyndikats und Bochum verwies auf sein Bergbaumuseum, die Knappschaft, die Bergbauberufsgenossenschaft und die Bergschule. Andere konnten zumindest ihre weiteren Bergbehörden anführen, die jedoch auch die drei Großen beherbergten. Diese Institutionen waren zwar nicht vergleichbar, aber es zählte die Eigenwahrnehmung.
Misst man die Größe an der Anzahl der Zechen, so lieferten sich Gelsenkirchen und Bochum in den 1950er-Jahren ein Wettrennen und nutzten ihre behauptete Vorrangstellung auch für die Stadtwerbung. Wer vorne lag, mag hier nicht entscheiden werden, zumal die Bewertungskriterien unklar sind. Galt die Anzahl der Zechen oder die der Schachtanlagen? Durften Kleinzechen berücksichtigt werden, die es im nördlichen Ruhrgebiet nicht gab? Oder war die Förderleitung maßgeblich? Bislang hat sich noch niemand der Aufgabe gestellt, solche Fragen zu beantworten. Fühlen Sie sich angesprochen.

Aha EXTRA

Vorstoß ins Ungewisse

Bevor die Kohle im Ruhrgebiet gewonnen werden konnte, musste die Lagerstätte von der Erdoberfläche zugänglich gemacht werden. Lange Zeit war dies ein Vorstoß ins Ungewisse und ein erfolgreicher Bergbau abhängig von Glück und Zufall. Erst im 20. Jahrhundert wurden Lage und Struktur der Flözschichten genauer bekannt und der Bergbau damit planbar.

Die Erschließung untertägiger Steinkohlenvorkommen erfolgte über Grubenbaue, die zusammen das Grubengebäude bzw. das Bergwerk bildeten. Meistens existieren in einem Bergwerk sowohl senkrechte als auch waagerechte und geneigte Grubenbaue. Die Gestaltung des Grubengebäudes folgte den Bedingungen an der Tagesoberfläche und den geologischen Rahmenbedingungen und zudem den vorgesehenen Abbau- und Transportverfahren, sodass jedes Bergwerk ein einzigartiges Grubengebäude besaß.
Bis weit in das 19. Jahrhundert hinein waren Stollen in den Hängen der Höhenrücken an der Ruhr die mit Abstand wichtigsten Grubenbaue. Sie öffneten die Abbaubetriebe, waren Transportweg für Menschen, Material und Kohle, übernahmen die Bewetterung (Belüftung) des Bergwerks und sorgten vor allem für die Entwässerung. Die Bewältigung des stetigen Wasserzulaufs war die Grundvoraussetzung des Zechenbetriebs. Die natürliche Grenze des Stollenbergbaus bildete folglich die Talsohle zwischen zwei Hängen. Hier lag das Stollenmundloch, von dem der Stollen in sachter Steigung in den Berg führte und das Wasser gerade noch ablaufen konnte.
Der eigentliche Bergbau erfolgte oberhalb dieses tiefsten Stollens, der die Wasserzuflüsse der anderen Grubenbaue „erbte" und daher als Erbstollen bezeichnet wurde. Der Eigentümer eines Erbstollens war meist berechtigt, sich für die Abwasserableitung von allen betroffenen Zechen bezahlen zu lassen. Für alle Arbeiten unterhalb dieser tiefsten Sohle wurden leistungsstarke Pumpen mit entsprechendem Antrieb benötigt, die zur Bewältigung der Zuflüsse

ausreichten. Diese standen im 19. Jahrhundert mit dem Aufkommen der Dampfmaschine zur Verfügung. Erst jetzt war der Übergang zum sogenannten Tiefbau über Schächte und Schachtanlagen möglich. Damit konnte der Bergbau in den Norden des Ruhrgebiets vordringen und dort tiefere und größere Kohlenvorkommen erschließen. Bis dahin wurden Schächte nur vereinzelt zur Förderung genutzt, vielfach aber schon zur Unterstützung der Bewetterung. Mangels der ebenfalls auf Dampfkraft angewiesenen Belüftungsanlagen musste durch zahlreiche Öffnungen zur Oberfläche ein natürlicher Luftstrom aufgebaut werden. Zur Förderung aus größeren Tiefen war die Dampfmaschine unerlässlich.

Der St.-Johannes-Erbstollen in Witten

Aha

Wie kommt die Kohle aus dem Berg?

Im Laufe der Zeit veränderte der Steinkohlenbergbau an der Ruhr nicht nur die Struktur der Bergwerke, sondern auch seine Abbau- und Gewinnungsverfahren. Dies war vor allem das Ergebnis des zunehmenden Einsatzes von Maschinen.

Ausgehend vom Stollen oder Schacht erfolgte die weitere sogenannte Aus- und Vorrichtung der Zeche zur Erschließung der Lagerstätte. Dies war bei den recht kleinen Stollenzechen relativ einfach, während die großen Tiefbauanlagen des 20. Jahrhunderts komplexe Strukturen besaßen. Zum System gehörten in der Regel die Richtstrecken im Verlauf der Lagerstätte und Querschläge, die diese durchquerten und einen ersten Hinweis auf Störungen und Abbauwürdigkeit gaben. Querschläge standen rechtwinklig zu den Richtstrecken und verbanden sie zugleich miteinander. Im Ruhrgebiet verliefen Richtstrecken entsprechend der geologischen Situation von Westen nach Osten, während die Querschläge in nordsüdlicher Richtung angelegt wurden. Von ihnen aus erfolgte dann die Gliederung der Lagerstätte in Bauabteilungen bzw. Reviere. Am Ende der Arbeiten stand die Vorbereitung des Abbaus durch die Freilegung des Kohlenstoßes.

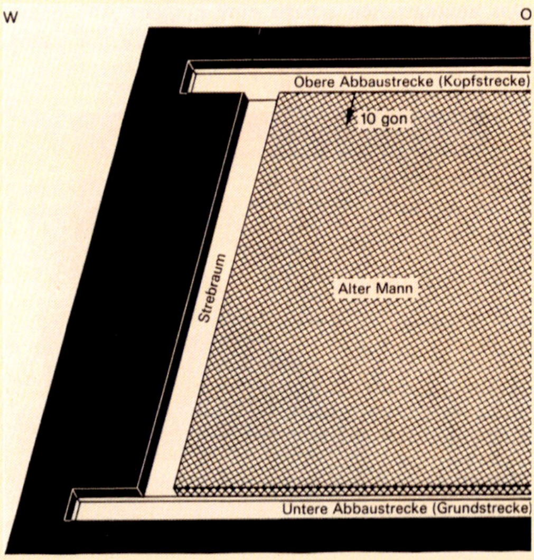

Schematische Darstellung des Strebbaus

Bis Anfang des 20. Jahrhunderts dominierte im Ruhrbergbau der in seinen Grundzügen bereits seit dem Mittelalter bekannte Pfeilerbruchbau. Dabei wurde das zum Abbau vorgesehene Flöz durch Strecken schachbrettartig aufgeteilt. Die übrig bleibenden Kohlepfeiler wurden dann nach und nach abgebaut, wobei die Deckschichten des Gebirges, das Hangende, in den Hohlraum hereinbrachen. Den vorzeitigen Zusammenbruch verhinderte im gesamten Bergwerk der Ausbau, der bis ins 20. Jahrhundert hinein grundsätzlich aus Holz bestand, teilweise ergänzt durch Mauerwerk.
Während bei der Herstellung von Stollen, Strecken und Schächten seit Mitte des 19. Jahrhunderts zunehmend Sprengstoffe zum Einsatz kamen, war der eigentliche Kohlenabbau meist Handarbeit. Die Bergleute gewannen die Kohle mit der Hacke und schaufelten sie in die Förderwagen, die von Schleppern zum Stollenausgang oder zum Schacht geschoben wurden. Hierzu wurden seit den 1840er-Jahren auch Pferde eingesetzt.
Die Tiefbauzechen im nördlichen Ruhrgebiet besaßen eine ähnliche Struktur. Sie erschlossen jedoch im Laufe der Zeit weitere Sohlen (Stockwerke), wo sich die Aus- und Vorrichtungsarbeiten wiederholten. Manche Bergwerke besaßen zehn oder mehr solcher Sohlen. Außerdem änderte sich bei ihnen durch den zunehmenden Einsatz von Maschinen das Abbauverfahren. Man ging zum Strebbau über. Ein Streb lief längs durch das Flöz, das so auf der gesamten Länge in eine Richtung abgebaut werden konnte.

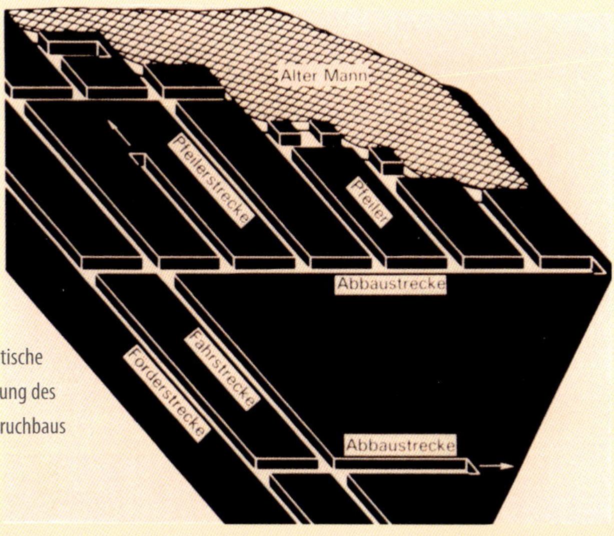

Schematische Darstellung des Pfeilerbruchbaus

Aha EXTRA

Preußen übernimmt

Seit dem Mittelalter gehörte die Gewinnung von Bodenschätzen zu den Regalien (Vorrechten) des Königs bzw. der Landesherren. Diese betrieben in der Regel jedoch nicht selbst Bergbau, sondern erteilten Abbaugenehmigungen gegen die Zahlung von Abgaben. Ab Mitte des 18. Jahrhunderts bildete sich schließlich mit dem Direktionsprinzip eine umfassende staatliche Aufsicht des Bergbaus aus. Die Bergbehörden regelten mit eigenen Beamten sämtliche technische und betriebswirtschaftliche Aspekte der Bergwerke. Die Eigentümer waren nicht viel mehr als Geldgeber und Befehlsempfänger.
Zur Kontrolle erließ der preußische Staat 1737 eine Bergordnung und gründete in Bochum ein Bergamt als Aufsichtsbehörde, das von Abgaben der Zechen finanziert wurde. Von nun war alles geregelt. Es herrschte Bergbaufreiheit, aber auch ein Betriebszwang. Das Bergamt verlieh Abbaurechte an private Interessenten, entschied als Berggericht bei Streitigkeiten und entsandte Steiger zur technischen Betriebsführung der Zechen. Außerdem führte es eine umfassende Bürokratie ein und erfasste in seinen Bergbüchern alle wichtigen Daten des Bergwerksbetriebs. Das Bergamt wurde zwischenzeitlich nach Hagen und Wetter verlegt, kehrte aber 1815 nach Bochum zurück. Als Zentralbehörde für das ganze Ruhrgebiet existierte das Oberbergamt in Dortmund.

Heinrich Karl Friedrich Freiherr vom und zum Stein, ab 1784 Direktor des Bergamtes Wetter, modernisierte den Bergbau im Ruhrgebiet.

Aha

Wie wird man Zecheneigentümer?

Seit Mitte des 18. Jahrhunderts gab es ein geregeltes Verfahren zum Erwerb einer Bergbauberechtigung. Die Bergbauinteressierten beantragten eine Genehmigung, indem sie eine Mutung bei den Bergbehörden einlegten. Damit war in Preußen bereits ein Rechtsanspruch verbunden, denn die Behörden mussten beim Nachweis vorhandener Bodenschätze das Bergwerk „verleihen“. Diese Verleihung wurde nur durch ältere Rechte verhindert, es fand jedoch keinerlei Wirtschaftlichkeitsprüfung statt, die etwa die Abbauwürdigkeit der Lagerstätte untersuchte. Die typische Rechtsform einer Zeche war die bergrechtliche Gewerkschaft, in der sich die bergbauinteressierten Anteilseigner zusammenschlossen. Eine Gewerkschaft verfügte bis 1865 über 128 „Kuxe“ (Anteile), die beliebig teilbar waren. Jüngere Gewerkschaften besaßen 1.000 Kuxe. Anders als bei einer Aktiengesellschaft war mit dem Besitz eines solchen Bergwerksanteils die Pflicht zur Finanzierung des Unternehmens verbunden. Auf Beschluss der Gewerkenversammlung mussten die Anteilseigner Zubuße leisten. Die Gewinnausschüttung wurde als Ausbeute bezeichnet. Angesichts des kostspieligen und unsicheren Bergbaugeschäfts befanden sich die Kuxe zahlreicher Zechen bevorzugt in den Händen weniger Anlegergruppen oder von Großinvestoren. Ab Mitte des 19. Jahrhunderts waren Bergwerksunternehmen zunehmend in Form von Aktiengesellschaften organisiert.

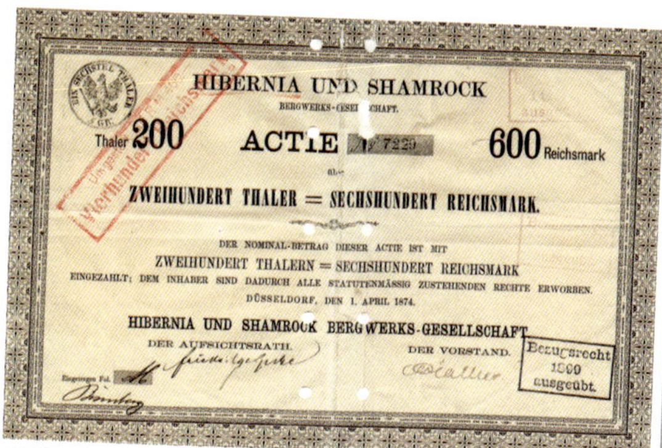

HIBERNIA UND SHAMROCK
BERGWERKS-GESELLSCHAFT.

Thaler 200 ACTIE № 7229 600 Reichsmark

ZWEIHUNDERT THALER = SECHSHUNDERT REICHSMARK.

DER NOMINAL-BETRAG DIESER ACTIE IST MIT
ZWEIHUNDERT THALERN = SECHSHUNDERT REICHSMARK
EINGEZAHLT; DEM INHABER SIND DADURCH ALLE STATUTENMÄSSIG ZUSTEHENDEN RECHTE ERWORBEN.
DÜSSELDORF, DEN 1. APRIL 1874.

HIBERNIA UND SHAMROCK BERGWERKS-GESELLSCHAFT.
DER AUFSICHTSRATH. DER VORSTAND.

Bezugsrecht 1899 ausgeübt.

Aktie der Hibernia & Shamrock Bergwerks-Gesellschaft, 1874

Aha

Kohle unterwegs

Der Transport von Kohle war bis weit in das 19. Jahrhundert extrem beschwerlich und langwierig. Im Ruhrgebiet existierten nur wenige Wegeverbindungen.

Der Zustand der Straßen im Ruhrgebiet war häufig sehr schlecht, sie galten als Mördergruben für Mann und Pferd. Auch der Anfang der 1770er-Jahre für einige Jahre betriebene Gahlensche Kohlenweg scheiterte an den schwierigen Verhältnissen. Er begann in Bochum-Stiepel und verlief nach Nordwesten über Herne bis nach Gahlen bei Dorsten an der Lippe.
Die Einführung der geregelten Ruhrschifffahrt ab 1780 sorgte für den Aufstieg des Bergbaus im Ruhrtal, denn sie erschloss den Zechen neue Absatzgebiete. Von nun an betrieben viele Zechen Lager an der Ruhr, von wo aus die Kohle flussabwärts in Richtung Rhein und von dort bis ins Ausland transportiert wurde. Die Anlieferung erfolgte anfangs noch durch reine Muskelkraft, auf dem Rücken von Pferden oder durch Karren. Dies änderte sich Ende des 18. Jahrhunderts.

Kohlenzug vor der Kokerei Hugo, Gelsenkirchen, 1950er-Jahre

Nachdem bereits 1787 mit dem Rauendahler Schiebeweg in Bochum die ruhrgebietsweit erste größere Karrenstrecke zur Ruhr angelegt worden war, entstanden in den folgenden Jahrzehnten mehrere solcher Transportwege, die teilweise über Eisenschienen verfügten. Die vollen Wagen liefen durch das Gefälle zum Wasser automatisch bergab und wurden durch Pferde bergauf zurück zu den Zechen gezogen. Bei einer Entfernung von meistens nur wenigen hundert Metern bis zu einigen Kilometern und den noch geringen Fördermengen war diese Methode mehr als ausreichend. Ab den 1820er-Jahren erwuchsen aus diesem Kleinbahnbetrieb größere Projekte, die die Anfänge des eigentlichen Eisenbahnbetriebs im Ruhrgebiet markierten. Ihr Ziel war die Verbindung der Ruhr bzw. der Ruhrzechen mit dem Straßennetz zum Wuppertal. Hierzu gehörte etwa die sechs Kilometer lange Muttentalbahn in Witten. Ein weiteres Beispiel war die 1831 eröffnete Prinz-Wilhelm-Eisenbahn durch das Essener Deilbachtal nach Nierenhof, die 1847 bis nach Vohwinkel (heute Wuppertal) verlängert und auch für den Personenverkehr genutzt wurde. In dieser Zeit liegen die Anfänge des Dampflokbetriebs, der bald auch die kleinen Transportbahnen im Ruhrtal erreichte.
Für die Ruhrschifffahrt hatte der Aufstieg der Eisenbahnen einschneidende Folgen. Verlief die 1847 in Betrieb genommene Köln-Mindener-Eisenbahn noch im Norden des Ruhrgebiets, erschlossen die Bergisch-Märkische Eisenbahn und die Rheinische Eisenbahn bald mit zahlreichen Strecken die gesamte Region. Dies förderte die Nordwanderung des Bergbaus. Bis 1870 wurde der Schifftransport quasi bedeutungslos und schließlich 1892 aufgegeben.

Zwei Kohlenschiffe vor der Styrumer Eisenbahnbrücke, 1860er-Jahre

Aha

Von der Direktion zur Inspektion

Mitte des 19. Jahrhunderts hatte sich die staatliche Direktion mit ihrer allumfassenden Oberaufsicht über den Bergbau überlebt. Der Aufbau einer modernen Tiefbauzeche erforderte ein hohes Kapital und das konnte nur von privaten Geldgebern kommen. Diese waren aber nur bereit zu investieren, wenn sie die vollständige Kontrolle über ihr Eigentum erhielten und gewinnorientiert arbeiten konnten. Nach rund 20-jährigen Diskussionen begann in den 1850er-Jahren die Liberalisierung des Bergbaus. Durch mehrere neue Gesetze verlor er nach und nach seine Sonderstellung und wurde zu einem Industriezweig wie jeder andere. Schon das Miteigentümergesetz von 1851 übertrug den Zechen die vollständige Verwaltung. Drei Jahre später folgte der allgemeine Versicherungszwang durch das Knappschaftsgesetz. Das Freizügigkeitsgesetz von 1860 führte schließlich das Prinzip des freien Arbeitsvertrages zwischen Zechenbesitzern und Bergleuten ein. Damit war das Direktionsprinzip dann faktisch aufgehoben. An seine Stelle trat das Inspektionsprinzip, das die Aufgaben des Staates auf Betriebsgenehmigungen und die Kontrolle der Sicherheit beschränkte. Die rechtliche Neuordnung, zu der auch eine Reorganisation der Bergbehörden gehörte, endete 1865 mit dem Erlass des „Allgemeinen Berggesetzes".

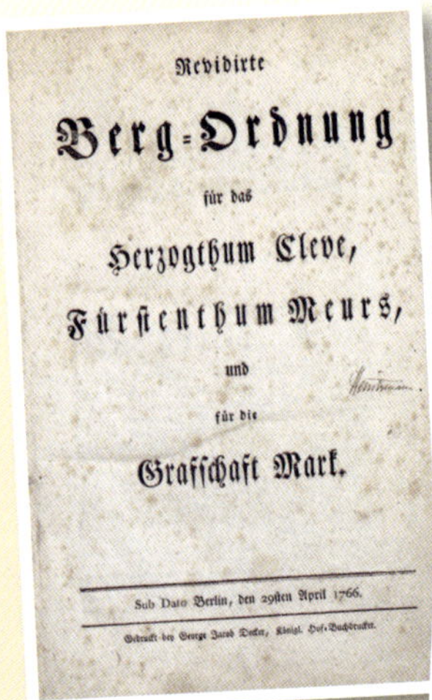
Revidirte
Berg-Ordnung
für das
Herzogthum Cleve,
Fürstenthum Meurs,
und
für die
Grafschaft Mark.

Sub Dato Berlin, den 29sten April 1766.

Gedruckt bey George Jacob Decker, Königl. Hof-Buchdrucker.

Berg-Ordnungen
der
Preufsischen Lande.

SAMMLUNG
der in Preussen gültigen Berg-Ordnungen,
nebst Ergänzungen,
Erläuterungen und Ober-Tribunals-Entscheidungen.
Als Anhang:
Titel 16 Theil II des Allgemeinen Preussischen Landrechts.
Herausgegeben
von
Hermann Brassert,
Königlich Preussischem Ober-Bergrath.

Köln 1858.
F. C. Eisen's Königl. Hof-Buch- und Kunsthandlung.

Bergordnungen und Berggesetze

Aha EXTRA

Das magische Dreieck

In der zweiten Hälfte des 19. Jahrhunderts entwickelte sich das Ruhrgebiet aus einer ursprünglich landwirtschaftlich geprägten Region zum größten industriellen Ballungsraum Europas. Als wichtigstes Kennzeichen für die Industrialisierung galt schon früh ein dauerhaftes, sich selbst tragendes Wirtschaftswachstum, das durch tiefgreifende technische, wirtschaftliche, soziale und politische Veränderungen ermöglicht wurde. Leistungsfähige Dampfmaschinen ersetzten in vielen Bereichen nicht nur die Muskelkraft, sondern eröffneten in Verbindung mit maschinellen Fertigungsverfahren ungeahnte Dimensionen der gewerblichen Massenproduktion. Charakteristische Faktoren des Fabriksystems waren neben dem Maschineneinsatz eine arbeitsteilige zentralisierte Produktion, disziplinierte Lohnarbeit und schließlich der hohe Kapitalbedarf.

Eine herausragende Bedeutung besaß die verstärkte Nutzung von Rohstoffen und neuen Energieträgern, insbesondere von Eisenerzen und Steinkohle, deren Förderung und Verarbeitung bald zum Motor der Industrialisierung wurde. Dazu kam die Eisenbahn, die nicht nur die Erzeugnisse von Bergwerken, Eisenhütten und Stahlwerken transportierte, sondern zugleich über Jahrzehnte deren wichtigsten Kunden darstellte. Die drei Bereiche beflügelten sich durch ihre gegenseitige Nachfrage und entwickelten sich damit zu Leitbranchen der Wirtschaft – dem magischen Dreieck.

Aha EXTRA

Gerüst oder Turm?

Mit dem Übergang zum Tiefbau änderten sich die technischen Grundlagen des Bergbaus nachhaltig. Waren die alten Zechen kaum tiefer als 40 Meter, arbeiteten die neuen Anlagen schon Anfang der 1850er-Jahre in bis zu 250 Meter Tiefe. Damit stiegen die Anforderungen an die Förderanlagen. Die alten kleinen Holzgerüste reichten nicht mehr aus, um die hohen Lasten zu tragen, die mit den neuen Dampffördermaschinen im Schacht bewegt wurden.
An ihre Stelle trat nun der Malakowturm, ein massiv gemauertes Gebäude, dessen Ziegelmauerwerk Stärken von mehr als zwei Meter erreichen konnte. Er erhielt seinen Namen nach einer als uneinnehmbar geltenden Festung auf der Krim-Halbinsel, die im Krimkrieg (1853–1856) zwischen Russland sowie dem Osmanischen Reich, England und Frankreich Berühmtheit erlangte. Man wählte diese Bauform, da Stahl zu dieser Zeit noch nicht die erforderliche Festigkeit für solche Bauten besaß. Bis in die 1880er-Jahre hinein entstanden weit mehr als 100 Malakowtürme, von denen heute noch 14 im Ruhrgebiet erhalten sind. Danach wurden sie von Stahlgerüsten ersetzt, blieben aber teilweise noch bis in die 1960er-Jahre in Betrieb. Im Bergbau wurden die neuen Förderanlagen immer als Gerüste bezeichnet. Nur wenn sich die Fördermaschine nicht neben, sondern im Fördergerüst befand, sprach man von einem Förderturm, wie etwa bei der Zeche Minister Stein in Dortmund.

Malakowturm der Zeche Prosper-Haniel in Bottrop

Die Vermessung des Gebirges

Mit der rasanten Ausdehnung des Bergbaus im 19. Jahrhundert wuchsen auch die Anforderungen an das Vermessungswesen. Grubenfelder mussten klar abgegrenzt werden, um Streitigkeiten mit benachbarten Zechen zu vermeiden. Außerdem war es wichtig, genau zu wissen, wo sich die einzelnen Grubenbaue des Bergwerks befanden, denn nur so konnten Stollen und Strecken miteinander verbunden werden. Nicht zuletzt gab die Vermessung Aufschlüsse über die Lagerung des Steinkohlengebirges und den Verlauf seiner Schichten. Das bergmännische Vermessungswesen wird als Markscheiderei bezeichnet. Der Begriff wurde von dem Wort Mark = Grenze abgeleitet.
Im frühen Bergbau wurden diese Grenzen durch Markierungen an der Erdoberfläche angezeigt, den sogenannten Lochsteinen. Das Loch diente zur Aufnahme des Vermessungsinstruments. Die dabei ermittelten Grenzen ließen sich jedoch nicht genau auf die Situation unter Tage übertragen. Mit dem Aufbau der Tiefbauzechen entwickelte die Markscheiderei neue Vermessungsverfahren, bei denen unterschiedliche technische Instrumente verwendet wurden. Markscheider maßen Winkel, Längen- und Höhenlinien und übertrugen ihre Ergebnisse auf Karten. Neben Grubenbildern gab es Schichtenpläne sowie unterschiedliche Querschnitte durch das Gebirge, die als Grundlage für die Abbauplanung dienten.

Lochstein der Zeche Treue Freundschaft in Essen-Burgaltendorf, 1837

Aha EXTRA

Mit Gott gewagt und unverzagt

Jede Zeche braucht einen Namen. Und wie Eltern bei ihren Kindern, waren die Bergbauunternehmer mehr als einfallsreich. Sie folgten Trends, suchten einen guten Klang und verbanden mit dem Namen gewisse Eigenschaften, die sich aus der Wortbedeutung ergaben. Ein wichtiges Motiv bildeten Ehre und Ruhm.

Gerade bei den älteren Zechen lassen sich häufig keine Gründe für die Namensgebung nennen. Grubenfelder, Flöze und Zechen erhielten bevorzugt gängige Frauen- oder Männernamen, gerne die der Ehegattinnen oder Besitzer selbst. Gleichzeitig hoffte man auf einen ertragreichen Bergbau, wobei nicht selten um Glück oder Gottes Hilfe gebeten wurde. So existierten im Laufe der Zeit weit mehr als 100 Zechen mit solchen Namen wie „Mitgottgewagt" (Bochum), „Gottessegen" (Bochum, Dortmund, Essen, Sprockhövel, Witten), „Glückstern" (Witten, Bochum, Hattingen, Essen) oder „Fortuna" (lateinisch für Glück) (Witten, Essen, Bochum). Die frommen Bergleute scheuten sich dabei nicht vor heidnischen Göttern wie „Pluto" (Gott der Unterwelt) in Herne oder „Erin" (irischer Schutzgott) in Castrop-Rauxel.
Man ging „Frischgewagt" (Herdecke, Sprockhövel und Dortmund) ans Werk, staunte über Zufallsfunde („Unvermuthetglück" in Bochum; „Freie Vogel & Unverhofft" in Dortmund), und beschwerte sich über das Gegenteil („Wohlverwahrt" in Essen; „Mißgunst" in Bochum, Witten, Dortmund; „Dreckbank" in Wetter, Bochum, Essen, Sprockhövel; „Unverzagt" in Dortmund). Dazu kam allerlei Seltsames wie „Forelle & Alteweib" (Dortmund), „Wallfisch" (Witten), „Gewalt" (Essen), „Schnabel" (Essen) oder „Hundsnocken" (Essen). Beliebt waren auch Ortsbezeichnungen: „Rosenblumendelle" in Mülheim lag in einer idyllischen Senke und „Wiesche" eben dort auf einer Wiese.

Bei den jüngeren Zechen im Norden orientierte man sich dann weiter gerne in diese Richtung. „Baaker Mulde" in Bochum lag in einem Tal, „Beeckerwerth" in Duisburg auf einem Werth (Halbinsel) im Stadtteil Beeck. Manchmal reichte auch der Stadtname („Recklinghausen", „Werne", „Gladbeck"). In den Mittelpunkt des Interesses rückten jetzt aber Personen. Unternehmen rühmten ihre großen Männer, schmeichelten der Politik und bewiesen ihre Staatstreue. Zechen hießen nach Persönlichkeiten aus Staat und Politik („König Wilhelm" in Essen; „Friedrich der Große" in Herne; die Kaisergemahlin „Auguste Victoria" in Marl) oder wurden nach Unternehmern benannt („Franz Haniel" in Bottrop; „Carl Funke" in Essen; „Friedrich Thyssen" in Duisburg).

Arbeiter der Zeche Glückswinkelburg, Wiemelhausen bei Bochum, 1896

Grubenfürsten und Schlotbarone

Aha EXTRA

Die Gründer der ersten Tiefbauzechen stammten häufig aus dem Bürgertum. Neben Ärzten, Apothekern und hochrangigen Verwaltungsangestellten investierten wohlhabende Bauern ihr Geld in die aufstrebende Branche. Schon bald wuchs ihnen jedoch der Finanzbedarf über den Kopf und an ihre Stelle traten in- und ausländische Unternehmer und Banken. Schnell entwickelte sich eine neue gesellschaftliche Führungsschicht.
Mit der Hochindustrialisierung entstanden zunehmend Montankonzerne. Unternehmen der Eisen- und Stahlindustrie kauften Zechen, um ihre Kohlenversorgung zu sichern. Bald schloss man sich zu immer größeren Unternehmen zusammen. Unternehmer wie Thyssen (Duisburg), Krupp (Essen), Hoesch (Dortmund) und Stinnes (Bochum) bauten ihren Einfluss schnell aus und stiegen zur Führungselite auf. Dazu kamen mächtige Manager, die neben den Eigentümern die Bergbaugesellschaften leiteten und in Interessenverbänden wie dem 1858 gegründeten Bergbauverein das Sagen hatten.
Aufgrund ihres Reichtums, aber auch wegen ihrer schlechten Behandlung der Bergarbeiter, wurden sie als Grubenfürsten und Schlotbarone bezeichnet. Und tatsächlich regierten viele von ihnen wie absolutistische Herrscher, die keinen Ungehorsam duldeten und ausschließlich darauf aus waren, ihre Gewinne zu maximieren.

Vorsitzende des Bergbauvereins

Aha

Bier her!

Bergleute und Stahlarbeiter waren durstige Leute. Nach der Arbeit musste Flüssigkeit geladen werden. Das bevorzugte Getränk war Bier, das in Strömen aus den Zapfhähnen der unzähligen Kneipen floss, die sich bevorzugt im Umfeld der Zechen und Industrieanlagen befanden. Daneben existierten zahlreiche Trinkhallen für den schnellen Schluck unterwegs. Mitunter fand man solche Bergmannstränken im Abstand von nur wenigen Metern. Auch Schnaps wurde nicht verschmäht. Alkoholismus war ein viel diskutiertes Problem. Frauen fingen ihre Männer am Zahltag am Zecheneingang ab, damit sie nicht ihre Lohntüte versoffen und der Familie genug Geld zum Leben blieb.
Ebenso weit verbreitet war der Tabakkonsum. Neben Zigarren und Zigaretten griff man auf Kautabak zurück, der auch unter Tage genossen werden durfte. Zwischenzeitlich dürften im Ruhrgebiet wohl 50 Brauereien bestanden haben, die vor allem Exportbier produzierten. Dortmund wurde mit dem Dreiklang „Kohle – Eisen – Bier" zu Deutschlands Bierstadt und einem der weltweit größten Produktionsstandorte. Einige, wie die Gelsenkirchener Glückauf-Brauerei und die Dortmunder Bergmann Brauerei, trugen den Bergbaubezug sogar im Namen, wenngleich Letztere durch ihren Gründer Wilhelm Bergmann. Auf die Kohlenkrise folgte die Bierkrise, sodass ein Großteil der Brauereien bis in die 1990er-Jahre schloss.

Die Fortuna-Bude in Wanne-Eickel um 1970

Aha

Grubenmilitarismus

Mit dem Freizügigkeitsgesetz von 1861 verloren die Bergleute ihre ursprünglichen Privilegien. Besaßen sie traditionell teilweise bereits das Recht zur Lohnfortzahlung im Krankheitsfall, steuerliche Vergünstigungen und ein gewisses Lohnniveau, wurden sie nun zu einfachen Arbeitern.

Für die Bergleute bestanden keinerlei soziale Sicherungen. Man musste seinen Lohn selbst aushandeln und konnte jederzeit ohne Frist entlassen werden. Die Grubenbarone vertraten das „Herr-im-Haus-Prinzip" und forderten als Gegenleistung für die Arbeitsstelle unbedingten Gehorsam. Das System wurde von zeitgenössischen Kritikern in Anlehnung an die beim Militär üblichen Umgangsformen als Grubenmilitarismus bezeichnet.
Die typische Arbeitsform war das Gedinge, innerhalb dessen sich eine Gruppe von Arbeitern zu einer gewissen Leistung verpflichtete. Wurde dieser Akkord nicht erbracht, musste man Lohneinbußen hinnehmen. Diese Gruppe wurde auch als Kameradschaft bezeichnet. Wer dazu gehörte, war ein Kumpel.

Schlepper und Grubenpferde, um 1910

Im Bergwerk herrschte eine straffe Hierarchie mit klaren Rechten und Pflichten. Auch lohnmäßig an unterster Stelle standen die für die harte Arbeit unter Tage nicht mehr geeigneten Berginvaliden und jugendlichen Arbeiter. Sie wurden für einfache Tätigkeiten wie die Kohlensortierung, die Pferdeführung oder Reinigungsarbeiten eingesetzt. Die nächste Stufe bildeten die Schlepper, die unter Tage den Transport der Kohlenwagen übernahmen. Nach mehrjähriger Arbeit in diesem Bereich konnte man zum Hauer aufsteigen, die sowohl die Kohle abbauten als auch Strecken vortrieben und den Grubenausbau mit Holz und Steinen herstellten.
Kontrolliert wurden sie durch die Steiger. Diese galten als verlängerter Arm der Zechenleitung und waren daher bei den Bergarbeitern äußerst verhasst. Sie trieben die Arbeiter an, behandelten sie wie Untergebene und sprachen Strafen aus. Die Gruppe der Steiger war in mehrere Stufen untergliedert. Erhielt man einen größeren Zuständigkeitsbereich, stieg man vom Reviersteiger zum Fahrsteiger und dann zum Obersteiger auf. Darüber standen die Betriebsführer und die Zechendirektoren.
Die Grundzüge dieses Systems galten in weiten Teilen auch noch zu Zeiten der Bundesrepublik. Allerdings wandelten sich in den 1950er-Jahren die Arbeitsbeziehungen. Die Bergarbeiter wurden nun vom Untergebenen zum Mitarbeiter bzw. Kollegen und die Umgangsformen passten sich an. Willkürliche und ungerechte Strafen gehörten zu diesem Zeitpunkt längst der Vergangenheit an. Sie waren schon nach dem Ersten Weltkrieg weitgehend abgeschafft worden.

Aha

Ein Knochenjob

Die Bergarbeit war äußerst hart und kaum mit einer anderen Tätigkeit zu vergleichen. Bergmann wurde man nicht aus Spaß, sondern um seinen Lebensunterhalt zu sichern. Heute kursierende Geschichten betonen die Kameradschaft unter Tage, doch war diese überlebensnotwendig in einem lebensfeindlichen Umfeld.

Die Dunkelheit wurde bis zur Einführung besserer Lampen und Beleuchtungsanlagen im Laufe des 20. Jahrhunderts nur durch schwache Funzeln erleuchtet, deren Schein nur wenige Meter weit reichte. Hinzu kamen die hohe Luftfeuchtigkeit, der stete Wind der Bewetterung, Staub und die mit zunehmender Tiefe steigende Temperatur. Diese erhöhte sich im Ruhrgebiet in Abhängigkeit von der Oberflächentemperatur pro 35 Meter um ein Grad, lag also in 1.000 Meter Tiefe jedenfalls über 30 Grad. Nur der Wetterstrom kühlte die Luft auf ein erträgliches Maß ab. Die engen Grubenbaue schränkten die Bewegungsfreiheit ein, sodass die Bergleute meist gebückt oder in anderen Zwangshaltungen arbeiteten. Unfälle und Gruben-

Die Knappschaft, Bochum, um 1914

Das Bergmannsheil, 1930er-Jahre

unglücke durch Schlagwetterexplosionen und Verschüttungen waren allgegenwärtig. Vor dem Ersten Weltkrieg verloren jährlich mehr als 1.000 Bergleute ihr Leben. Angesichts der Gesundheitsschädlichkeit ihrer Tätigkeit entwickelten viele Bergleute typische Berufskrankheiten. Am gefürchtetsten war die Steinstaublunge, die Silikose. Während der eingeatmete Kohlenstaub wieder ausgehustet werden konnte, setzten sich die feinen Steinpartikel in den Lungen fest und zerstörten nach und nach das Gewebe. Im frühen Bergbau verbreitet war auch das sogenannte Augenzittern (Nystagmus). Dieses entstand durch andauerndes Nachobenschauen in flachen Grubenbauen. Viele Bergleute litten angesichts der schlechten Hygiene an der Wende zum 20. Jahrhundert zudem an Hakenwürmern (Ankylostomiasis), die den Darm befallen. Mit der Einführung des Abbauhammers kam die sogenannte Abbauhammerkrankheit hinzu, Schäden an Ellenbogen- und Handgelenken. Schon im Mittelalter entstanden im Bergbau die ersten Knappschaften, die ihre Mitglieder bei Unfall oder Tod absicherten. 1854 wurde in Preußen durch das Knappschaftsgesetz die weltweit erste gesetzliche Sozialversicherung eingeführt. Mit der allgemeinen Einführung von Sozialversicherungen ab 1884 entstanden zur Regelung von Unfällen Berufsgenossenschaften. Wie die Knappschaft hatte auch die Bergbauberufsgenossenschaft ihren Sitz in Bochum. Hier eröffnete dann auch 1890 mit dem Bergmannsheil das weltweit erste reine Unfallkrankenhaus. Bis in die 1920er-Jahre war eine Berufsunfähigkeit persönliches Schicksal. Erst jetzt wurden solche Krankheiten nach und nach als entschädigungspflichtig anerkannt. Das Bergmannsheil trug durch seine Forschungen maßgeblich zur Anerkennung bergmännischer Berufskrankheiten bei.

Leben im Bergwerk

Das Bergwerk bildete einen eigenen Lebensraum. An der Erdoberfläche passte der Mensch seine Umwelt seinen Anforderungen an. Unter Tage musste er sich anpassen – an Enge, Hitze, Feuchtigkeit und Dunkelheit.

Der Weg in die Tiefe begann an der Hängebank des Schachtes, wo die Förderkörbe für Personen-, Material- und Wagentransport hielten. Vor der Einfahrt zogen sich die Bergleute in der Kaue um, wie der Umkleide- und Waschraum genannt wurde. Die Kaue war in einen schwarzen und einen weißen Bereich unterteilt. Im weißen entkleideten sie sich, gingen durch die Dusche und schlüpften im schwarzen in ihre Arbeitskleidung. Für seine persönlichen Gegenstände besaß jeder Bergmann einen eigenen Korb, der zum Schutz vor Diebstählen und Ungeziefer mit einer Kette unter die Kauendecke gezogen und unten mit einem Schloss gesichert wurde. Solche modernen Kauen wurden ab Ende des 19. Jahrhunderts eingeführt. In der Lampenstube holten sich die Kumpel dann ihre Grubenlampe und seit Ende der 1950er-Jahre ihre Filterselbstretter, eine Art Gasmaske gegen Kohlenmonoxid. Dann hinterließen sie ihre Marke in der Markenkontrolle, damit jederzeit bekannt war, wer sich unter Tage aufhielt. Nach der Schicht lief das Ganze umgekehrt.

Hängebank, 1950er-Jahre

Bergmann in der Kaue

Unter Tage gab es keine Toiletten, sondern nur Abortkübel, die als „Scheißekübel" bezeichnet wurden. Diese mit einem Deckel versehenen Holz- oder Metallbehälter wurden regelmäßig durch eigens dafür zuständige Bergarbeiter nach über Tage gebracht, dort entleert und gereinigt. Die dennoch geringe Hygiene veranlasste viele Bergleute dazu, mal eben in eine stille Ecke auszutreten und ihre Hinterlassenschaft zu vergraben. In vielen älteren Zechen stank es erbärmlich, auch wegen der Ausscheidungen der Grubenpferde. Diese verbrachten ihr gesamtes Leben unter Tage, wo auch Ställe bereitstanden. Nach der letzten Schicht kamen sie zum Abdecker. In den Pausen „butterten" die Bergleute. Sie hatten meist Brote, Kaffee- und Wasserpullen dabei. Von den Resten dieser Mahlzeiten ernährten sich weitere Mitbewohner im Bergwerk. Insekten waren relativ selten, aber Mäuse weit verbreitet. Sie gelangten mit Materiallieferungen in die Grube und wurden von den Bergleuten toleriert und auch gefüttert. Ratten galten dagegen als Ungeziefer und wurden, wo immer es ging, getötet.
Die Bergwerksleitungen akzeptierten auch, dass die Bergleute etwas von der Arbeit mit nach Hause nahmen. „Mutterklötzchen" waren die Reste des bearbeiteten Grubenholzes. Kreuzförmig eingeschnitten, konnten einzelne Stücke leicht abgebrochen und zum Anheizen der Kohleöfen verwendet werden.

Aha EXTRA

Streik

Die schlechten Arbeitsbedingungen und das ausbeuterische Verhalten der Zechenbesitzer ließen in der Bergarbeiterschaft Wut und Frust steigen. 1889 entlud sich dieser Unmut im ersten Massenstreik des Ruhrbergbaus, der zugleich der bis dahin größte Arbeiterstreik in Deutschland war.

Rund 100.000 der zu dieser Zeit 115.000 Bergleute beteiligten sich an dem Arbeiterstreik. Man forderte geregelte Schichtzeiten von acht Stunden einschließlich Ein- und Ausfahrt, Lohnerhöhungen und verbesserte Sicherheitsmaßnahmen. Der Streik kam für die Obrigkeit derart überraschend, dass sich selbst der kurz zuvor zum Kaiser gekrönte junge Wilhelm II. bereit erklärte, einer Abordnung der Bergleute eine Audienz zu gewähren. Auch wenn die Ziele zunächst nicht erreicht wurden, brachte der Streik der Arbeiterfrage eine große öffentliche Aufmerksamkeit und zog durchaus politische Konsequenzen nach sich. 1890 entließ Wilhelm II. den in der Sache unnachgiebigen Reichskanzler Bismarck und das Verbot der Sozialdemokratischen Partei wurde aufgehoben. Außerdem folgte eine Verschärfung der Arbeitsschutzgesetze.

Die Zechen reagierten dagegen mit der Aufstellung schwarzer Listen. War man hier als Streikführer vermerkt, erhielt man im Ruhrbergbau keine Arbeit mehr. Die Bergleute hatten gleichzeitig gemerkt, dass ihnen eine organisierte Interessenvertretung fehlte. Noch 1889 wurde der Alte Verband mit Sitz in Bochum gegründet, wo sich auch nach dem Zweiten Weltkrieg die Zentrale der Industriegewerkschaft Bergbau befand. Daneben existierten im Ruhrgebiet drei weitere Bergarbeitergewerkschaften: eine liberale, eine für die zahlreichen polnischsprachigen Bergleute und eine christliche.

1905 kam es zum zweiten Generalstreik. Ausschlaggebend für den Ausstand waren Lohnsenkungen während der vorausgegangenen Wirtschaftskrise

bei gleichzeitigen Preissteigerungen, Zechenschließungen und die seit 1889 unveränderte Situation. Dazu kamen Misshandlungen, ungerechte Lohnfestsetzungen und das Wagennullen durch die Steiger – enthielt aus ihrer Sicht ein Förderwagen zu viel Gestein statt Kohle, wurde sein gesamter Inhalt nicht angerechnet. Nun erzielten die Bergarbeiter gewisse Erfolge. Das Wagennullen wurde abgeschafft und die Ein- und Ausfahrzeit auf eine halbe Stunde begrenzt. Ansonsten blieb alles beim Alten. Der dritte Streik 1912 scheiterte dagegen nach kurzer Zeit an der Uneinigkeit der Gewerkschaften und heftiger öffentlicher Kritik gegen die Lohnforderungen der Bergleute. Der Einsatz des Militärs beendete schließlich sämtliche Aktivitäten.
Zu einer gewissen Verbesserung der Situation der Bergleute kam es erst nach dem Ersten Weltkrieg und dann umfassend in der Bundesrepublik.

Gebäude des Alten Verbandes in Bochum, um 1905

Aha EXTRA

Bergmannskuh und Bullenkloster

Eine luftige Wohnung, Gemüse aus dem Garten, Milch von der Bergmannskuh (Ziege), vielleicht noch ein Schwein im Stall – all dies verbindet man mit der Bergmannssiedlung. Tatsächlich lebten in Zechensiedlungen vor dem Ersten Weltkrieg insgesamt vielleicht 10 bis 15 Prozent der Belegschaften.

Die ersten Siedlungen entstanden in den 1850er-Jahren, als der Ruhrbergbau begann, sich über das Ruhrgebiet auszudehnen. Viele Zechen wurden außerhalb der bestehenden Ortschaften errichtet und konnten ihren Arbeitskräftebedarf schon bald nicht mehr aus der Region decken. Für die zahlreichen Zuwanderer war jedoch in den kleinen Orten und Gemeinden kein ausreichender Wohnraum vorhanden, sodass die Bergbaugesellschaften gezwungen waren, selbst einen solchen bereitzustellen.

Auf die typischen Reihensiedlungen des 19. Jahrhunderts folgten sogenannte Gartenstädte, wie die Bochumer Krupp-Siedlung Dahlhauser Heide. Sie ähnelten in ihrer Struktur einem Dorf und besaßen Geschäfte, Schulen und Gaststätten.

Nach den beiden Weltkriegen erhielt der Bergarbeiterwohnungsbau neue Impulse durch bergbaueigene Wohnungsgesellschaften. In den 1950er-Jahren wurden außerdem Pestalozzi-Dörfer eingerichtet, wo jugendliche Bergarbeiter während ihrer Ausbildung nach Vorbild des gleichnamigen Schweizer Pädagogen Johann Heinrich Pestalozzi unter Aufsicht von „Pestalozzi-Eltern" wohnten.

Aus Sicht der Bergwerksunternehmen besaßen die teuren Siedlungen zahlreiche Vorteile. Sie dienten zum Aufbau einer Stammbelegschaft und galten lange Zeit als einfacher Weg zur Disziplinierung der Arbeiter, folgte doch auf den Rauswurf aus der Zeche der aus der Wohnung.

Die Realität der meisten Bergleute sah ganz anders aus. Sie wohnten in

privaten Mietwohnungen unter häufig sehr beengten Verhältnissen. Weit verbreitet war das Schlafgängertum, eine Art Untermiete mit Familienanschluss und Verköstigung. Die Zimmer wurden teilweise an mehrere Schlafgänger vermietet, die es sich in Schichten teilten. Daneben betrieben einige Zechen und Stahlwerke auch Wohnheime für ledige Arbeiter, die sogenannten Bullenklöster. Das größte Haus dieser Art für mehr als 1.000 Stahlarbeiter besaß der Bochumer Verein. Bullenklöster waren soziale Brennpunkte, wohnten in ihnen doch vor allem alleinstehende Arbeiter.
Mit der Kohlenkrise begann in den 1960er-Jahren der Abriss zahlreicher Siedlungen. Sie galten als veraltet, waren häufig stark renovierungsbedürftig und mussten Platz für Neubauten machen. In den 1980er-Jahren dachte man anders, erhielt zahlreiche Siedlungen und stellte einige unter Denkmalschutz. Heute sind im Ruhrgebiet etwa 200 von ursprünglich schätzungsweise weit mehr als 500 erhalten.

Bergmannsheim der Zechen Hannover und Hannibal, Bochum, 1950er-Jahre

Aha

Sprachrohr des Bergmanns

In den ersten Jahrzehnten der Industrialisierung waren Bergleute nicht nur weitgehend rechtlos, sondern besaßen auch keine Möglichkeit, ihre Interessen in der Öffentlichkeit zu vertreten. Die nach dem Bergarbeiterstreik von 1889 gegründeten Gewerkschaften verschafften sich Gehör durch eigene Zeitungen, die auch zur Information der Kumpel über wirtschaftliche und politische Fragen dienten. Noch im Streikjahr legte der Alte Verband die ersten Exemplare der späteren „Bergarbeiter-Zeitung" vor. Chefredakteur war ab 1895 Otto Hue, der auch 1910 ein Standardwerk zur Geschichte der Bergarbeiter aus deren Sicht vorlegte. Einige Jahre zuvor hatte Heinrich Imbusch das erste Buch dieser Art verfasst. Er war für den „Bergknappen", die Zeitschrift der christlichen Gewerkschaft, zuständig.

Seit dem ausgehenden 19. Jahrhundert kritisierten zudem Arbeiterdichter die Ausbeutung und Verelendung der Bergarbeiter mit teils drastischen Schilderungen. Der bekannteste war der Bochumer Heinrich Kämpchen, der nach dem Streik auf die schwarzen Listen geriet und im Ruhrgebiet keine Arbeit mehr fand. Ihm folgten bis in die 1970er-Jahre zahlreiche weitere Arbeiterdichter. Ihre Werke standen im starken Kontrast zu den Gedichten, die in Zechenzeitschriften und Bergmannskalendern erschienen und den Kumpel als todesmutigen Helden der Arbeit darstellten.

Heinrich Kämpchen, um 1890

Aha EXTRA

Schlagkräftige Einheiten

Zu Beginn der Industrialisierung entstanden zunächst zahlreiche eigenständige Zechen, die ihre Kohle auf dem freien Markt anboten. Schon kurz darauf änderte sich das. Unternehmen der Eisen- und Stahlindustrie begannen, sich Zechen zur Sicherung ihrer Kohlenversorgung anzugliedern. Gleichzeitig entstanden Bergwerksgesellschaften mit mehr als einer Zeche wie die Gelsenkirchener Bergwerks AG (GBAG) oder die Harpener Bergbau AG in Dortmund. Gegen Ende des 19. Jahrhunderts beschleunigte sich diese Entwicklung und es bildeten sich Montankonzerne, die auch Maschinenbau betrieben. Der Höhepunkt war 1926 erreicht, als sich u. a. Thyssen, Rheinstahl, der Bochumer Verein und die GBAG zu Europas größtem Unternehmen seiner Art zusammenschlossen. Zur Vereinigte Stahlwerke AG gehörten mehr als 20 Zechen mit 48 Schachtanlagen, die rund ein Drittel der Gesamtförderung des Ruhrgebiets auf sich vereinigten.

Nach dem Zweiten Weltkrieg setzten die Siegermächte eine umfangreiche Neuordnung der Montanwirtschaft durch und es entstanden zahlreiche Bergwerksgesellschaften ohne Anschluss an einen Stahlerzeuger. Mitte der 1950er-Jahre kam es jedoch erneut zu Zusammenschlüssen, sodass die alten Strukturen wiederauflebten. Die enge Verflechtung von Kohle und Stahl endete 1968 mit der Gründung der Ruhrkohle AG.

Hauptverwaltung der Vereinigte Stahlwerke AG in Düsseldorf, dem „Schreibtisch des Ruhrgebiets", 1930

Aha EXTRA

Ein ganz besonderer Stoff

„Mama, der Mann mit dem Koks ist da!" Kam der Lieferant mit Pferdewagen oder Lkw, um die Hausbrandkohle für den heimischen Ofen zu liefern, so war es dieser Ruf, den man im Ruhrgebiet häufig hören konnte.

Gebrochener Koks war aufgrund seines hohen Heizwertes ein beliebter Brennstoff. Im privaten Haushalt wurde allerdings vor allem „normale" Kohle verbraucht, die es als Nüsse in verschiedenen Größen gab. Beliebt waren auch Briketts und Eierkohlen, die aus Feinkohle mit einem Bindemittel zu rechteckigen oder ovalen Formen zusammengepresst wurden. Der Hauptabnehmer für den Koks war jedoch die Eisen- und Stahlindustrie.
Steinkohle besteht vor allem aus Kohlenstoff, enthält aber auch größere Mengen Kohlengas (Methan) und verschiedene Begleitstoffe wie Teer, Schwefel, Ammoniak und Benzol. Der Gasanteil kann bei Gaskohlen 40 Prozent erreichen, während Magerkohle nur bis zu 20 Prozent aufweist. Dazwischen liegen die Kokskohle und die Fettkohle, die sich zur Verarbeitung in der Kokerei optimal eignet. Fettkohle findet sich überall im Ruhrgebiet, jedoch in größeren Mengen nur nördlich der Ruhr. Koks wird jedoch nicht im Bergwerk gewonnen, sondern in der Kokerei in einem Destillationsprozess hergestellt. Kokereien bestehen aus langen Reihen nebeneinanderstehender Öfen. Hierin backt die Einsatzkohle unter Luftabschluss bis zu 24 Stunden bei rund 1.000 Grad Celsius zu großen, festen Koksbrocken zusammen und verliert dabei ihren Gasgehalt.
Damit entspricht sie perfekt den Anforderungen des Hochofenprozesses. In Hochöfen wird schichtenweise von oben Koks, Eisenerz und Kalkstein als Zusatzstoff zur Bildung von Schlacke eingefüllt. Das Eisenerz schmilzt und wird am unteren Ende des Ofens als Roheisen abgestochen. Natürliche Kohle

würde den Ofen in kurzer Zeit verstopfen und das Feuer ersticken, denn sie ist zu weich und feinkörnig. Wer schon einmal die feinen Holzkohlenreste vom Boden des Kohlesacks auf den Grill geschüttet hat, der kennt das Phänomen. Außerdem mindern die Begleitstoffe der Kohle die Qualität des Roheisens. Hochöfen gab es schon in der Antike, doch wurden alle älteren Anlagen mit Holzkohle befeuert. 1849 gelang dann erstmals auf der Mülheimer Friedrich Wilhelms-Hütte die Verwendung von Steinkohlenkoks. Von nun an bauten viele Fettkohlenzechen eigene Kokereien. Daneben existierten bis zur Jahrhundertwende Handelskokereien, die fremde Kohle verarbeiteten.
Das Ruhrgebiet war weltweit führend im Bau von Kokereien. Unternehmen wie Still in Recklinghausen und Dr. C. Otto in Bochum sorgten für ständige Innovationen und galten als Maß aller Dinge in ihrem Bereich. Mit dem Niedergang des Bergbaus endete auch diese lange Maschinenbautradition.

Stammwerk der Firma Dr. C. Otto, Dahlhausen, um 1910: Auf dem Bahngelände befindet sich heute das Eisenbahnmuseum Bochum.

Aha EXTRA

Abfall oder Wertstoff?

Kohlenstoff gehört zu den wichtigsten chemischen Elementen und ist die Grundlage der anorganischen Chemie. Seine Atome sind sehr bindungsfähig und bilden mit anderen Atomen zahlreiche Moleküle. Auch der Mensch besteht neben Sauerstoff zu einem großen Teil aus Kohlenstoff.

Kohle bildete die Grundlage der chemischen Industrie, die im ausgehenden 19. Jahrhundert eine weltweite Spitzenstellung einnahm. Interessant war vor allem das in der Kohle enthaltene Gas. Es wurde in Gasanstalten nach dem Kokereiprinzip gewonnen und vor allem zur Straßenbeleuchtung verwendet. Zuvor wurden jedoch die im Gas gelösten Nebenprodukte wie Teer, Benzol, Ammoniak und Schwefel in verschiedenen Verfahren herausgefiltert. Aus ihnen ließen sich nicht nur Farben und Medikamente, sondern auch Soda, Dünger, Sprengstoffe, Kraftstoffe und Säuren produzieren.
Der Ruhrbergbau nutzte aus technischen Gründen diese Möglichkeiten anfangs nicht, sondern verwendete das Gas zur Beheizung der Koksöfen oder entließ es als Abgas in die Luft. Ende des 19. Jahrhunderts änderte sich diese Situation. Moderne Kokereien besaßen entsprechende Anlagen zur Gewinnung der Begleitstoffe. Damit begann die Zeit der Kohlenveredelung. Kohlengas galt nun nicht mehr als Abfall-, sondern als wertvolles Nebenprodukt, das sich in neuen Geschäftszweigen vermarkten ließ. Den Vertrieb übernahmen mehrere zentrale Verkaufsgesellschaften, die nach ihrem Sitz auch als Bochumer Verbände bezeichnet wurden.
Das bekannteste Unternehmen dieser Art ist Aral. 1898 als Westdeutsche Benzol-Verkaufsvereinigung gegründet und 1918 in Benzol-Verband umbenannt, entschloss man sich 1924 zum Aufbau eines eigenen Tankstellengeschäfts. Den Ausgangsstoff bildete das Kokereibenzol, das im Verhältnis von 40:60 mit Benzin gemischt wurde. Der Markenname entstand aus den Anfangsbuchstaben der beiden Bestandteile, den **ar**omatischen Kohlenwasserstoffen des

Benzols und den **ali**phatischen des Benzins. Seit 1952 ist Aral auch Teil des Firmennamens. Während alle anderen Bochumer Verbände im Laufe der Kohlenkrise eingingen, ist Aral seit den 1950er-Jahren Marktführer im deutschen Tankstellengeschäft.
Von ähnlicher Bedeutung war die 1926 gegründete Ruhrgas AG. Durch den Bau von neuen Großkokereien und eine effizientere Energieverwendung waren in dieser Zeit große Mengen überschüssigen Gases vorhanden. Hatten bis dahin nahezu alle größeren Städte und Gemeinden eigene Gaswerke, sollte nun ein möglichst großer Teil des Gasbedarfs zentral von den Kohleregionen aus gedeckt werden. Schnell stieg das Unternehmen zum mit Abstand wichtigsten Gasversorger auf. In den 1960er-Jahren begann die Ära des Erdgases (ebenfalls Methan) und die Ruhrgas wurde zum wichtigsten westeuropäischen Gashändler.

BV-Aral-Werbung, 1927

Aha

Große Wäsche

Die in den Zechen abgebaute Kohle war immer mit Gestein vermischt. Diese Verunreinigung ließ sich nicht vermeiden. Anfangs wurde die Förderung häufig so verkauft, wie sie aus dem Berg kam, aber bald begannen die Zechen mit der Aufbereitung der Kohle. In der Separation wurde sie gesiebt und so in verschiedene Größen aufgeteilt. Dabei konnten auch größere Steinbrocken per Hand herausgesammelt werden. Im 20. Jahrhundert existierten für diese Arbeit Lesebänder (Fließbänder). Der verbliebene Rest wurde mithilfe von Wasser verarbeitet, sodass sich hierfür schon früh der Begriff der Kohlenwäsche durchsetzte. Kohlenwäschen übernahmen bald den gesamten Prozess der Sortierung (Klassierung) und Reinigung von Bergebestandteilen. Sie funktionierten nach dem Schwerkraftprinzip und nutzten die unterschiedliche Dichte von Gestein und Kohle. Die Förderung wurde zunächst in Brechern zerkleinert und dann in Wasserbecken eingebracht, wo die leichtere Kohle oben schwamm und die schweren Steine sich am Boden sammelten. Für die notwendige Bewegung der Becken sorgten Maschinen. Die Feinkohle konnte dann mit dem Wasser in ein Absetzbecken geleitet und dort gewonnen werden. Moderne Kohlenwäschen kombinierten und wiederholten die unterschiedlichen Abläufe, bis die gewünschte Qualität erreicht wurde. Sie besaßen auch Trocknungsanlagen.

Arbeiter am Leseband, 1950er-Jahre

Wettbewerb – nein danke!

Werbung des RWKS, 1938

Die Ruhrzechen förderten ein gleichförmiges Produkt mit nur geringen Qualitätsunterschieden. Folglich war es den Verbrauchern egal, wo sie kauften, Hauptsache der Preis stimmte. Auch aufgrund der unterschiedlichen Lagerungsbedingungen der Kohle arbeiteten die Zechen jedoch mit unterschiedlichen Kosten. Kam es zu einer Absatzkrise, wurden viele unrentabel und gingen pleite.
Um eine solche Situation zu vermeiden, gründete ein Großteil der Zechenbesitzer 1893 das Rheinisch-Westfälische Kohlen-Syndikat (RWKS). Syndikate waren Kartelle, übernahmen aber im Gegensatz zu diesen noch den Verkauf der von den Mitgliedern erzeugten Produkte. In Kartellen wurden Preise, Produktionsmengen oder Vertriebsgebiete abgesprochen, sodass jedes Mitglied einen einigermaßen gesicherten Absatz besaß. Die Lasten dieser Regelung trug der Verbraucher, da die Preise nicht durch die Konkurrenz auf den Märkten, sondern in Hinterzimmern gemacht wurden.
Deutschland war vor 1945 das Land der Kartelle, während die USA als Land der Konzerne galten. Hier wurden schwache Unternehmen günstig aufgekauft und zum Ausbau der eigenen Machtposition genutzt. Seit 1958 sind Kartelle in Deutschland zugunsten eines freien Wettbewerbs verboten.

Aha

Ruhrbergbau. Eine Zeitreise

Seit rund 500 Jahren gibt es im Ruhrgebiet einen regelmäßigen Steinkohlenbergbau. Vor etwa 200 Jahren begann der Übergang zum Tiefbau, dessen Zechen die Region lange Zeit prägten. Die folgende Zeitreise gibt einen Überblick über die wichtigsten Entwicklungsschritte.

13. Jh.	Beginn der Kohlengräberei im südlichen Ruhrgebiet zwischen Mülheim/Ruhr und Unna
16. Jh.	Beginn der Steinkohlengewinnung im Stollenbau
1737	Erlass der Renovierten Bergordnung für die Grafschaft Mark
1738	Gründung des Märkischen Bergamtes zu Bochum
1766	Erlass der Revidierten Berg-Ordnung für das Herzogtum Cleve, das Fürstentum Moers und die Grafschaft Mark
1770er-Jahre	Schiffbarmachung der Ruhr
Um 1790	Erste Schiebewege zum Bahntransport der Kohle zur Ruhr; erste Kokereien
Um 1800	Beginn des Tiefbaus unter der Stollensohle. 1.500 Bergleute fördern rund 200.000 Tonnen Kohle
1802	Inbetriebnahme der ersten Dampfmaschine im Ruhrbergbau für die Wasserhaltung auf der Zeche Vollmond in Bochum-Langendreer
1809	Erste Dampffördermaschine auf der Zeche Ver. Sälzer & Neuack in Essen
1832	Durchteufung der Mergeldecke mit dem Schacht Franz in (Essen-)Schönebeck durch Franz Haniel
Um 1840	Erste Grubenpferde auf der Zeche Wiesche in Mülheim
1847	Betriebsbeginn der Köln-Mindener Eisenbahn als erster Bahnlinie des Ruhrgebiets
1849	Bau der ersten Malakowtürme zur Schachtförderung; erster Kokshochofen auf der Friedrich Wilhelms-Hütte in Mülheim/Ruhr

1852–1856	Erster Gründerboom im Ruhrbergbau; Beginn des Eisenerzabbaus
1857	Die Anzahl der Zechen erreicht mit 296 den Höchststand
1865	Erlass des Allgemeinen Preußischen Berggesetzes; Ende des Direktionsprinzips und Überführung des Bergbaus in die unternehmerische Selbstverantwortung
1868	Erste größere Schlagwetterexplosionen mit rund 100 Toten auf der Bochumer Zeche Neu-Iserlohn
1870–1873	Zweiter Gründerboom mit Entstehung später bedeutender Großunternehmen
1873–1895	Gründerkrise und Stagnation der Branche; erste Stilllegungswelle im Ruhrbergbau, die Anzahl der Zechen sinkt von 268 im Jahr 1874 auf 155 im Jahr 1895
1883	Erste moderne Kokerei mit Nebenproduktengewinnung
1889	Erster großer Bergarbeiterstreik und Gründung des Alten Verbandes als gewerkschaftliche Interessenvertretung der Arbeiter
1893	Gründung des Rheinisch-Westfälischen Kohlen-Syndikats
Um 1900	Höhepunkt der Zuwanderung von Bergleuten aus dem Osten des Deutschen Reiches; bis 1914 kommen fast 500.000 Menschen in die Region
1905	Zweiter großer Bergarbeiterstreik
1908	Bis dahin größtes Grubenunglück auf der Zeche Radbod in Hamm mit 249 Toten
1912	Dritter großer Bergarbeiterstreik
1918/19	Anerkennung der Bergarbeiterverbände als Tarifpartner und Abschluss erster Tarifverträge
1920er-Jahre	Technische Rationalisierung: Bau von Großschachtanlagen; verstärkte Mechanisierung von Abbau und Förderung; die Anzahl der Zechen sinkt bis 1933 von 202 auf 140
1922	Höchste Belegschaftszahl im Ruhrbergbau: 577.000
1929–1932	Weltwirtschaftskrise; Halbierung der Belegschaften auf 220.000 und Rückgang der Förderung um 40 Prozent
1936	Beginn der Benzinproduktion aus Kohle (Kohlehydrierung)

1937	Beginn der Entwicklungsarbeiten am Kohlehobel
1939	Absolute Maximalförderung des Ruhrbergbaus: 130 Mio. Tonnen bei 330.000 Bergarbeitern
1939–1945	Zweiter Weltkrieg; die Belegschaften im Ruhrbergbau bestehen teilweise zu 40 Prozent aus Zwangsarbeitern
1945–1960	Kleinzechenbergbau im südlichen Ruhrrevier zur Linderung der Kohlennot
1946	Schwerstes Grubenunglück in der Geschichte des Ruhrbergbaus mit über 400 Toten nach einer Schlagwetterexplosion auf der Zeche Grimberg 3/4 in Bergkamen; Gründung des Industrieverbandes Bergbau, ab 1948 Industriegewerkschaft Bergbau, später Industriegewerkschaft Bergbau, Chemie, Energie (IG BCE)
1948	Bevorzugte Versorgung der Bergleute mit Nahrungs- und Genussmitteln im Rahmen des Marshall-Plans (Care-Pakete)
1950	Entflechtung und Neuordnung des Steinkohlenbergbaus sowie der Eisen- und Stahlindustrie; Entstehung neuer Konzerne (bis 1954)
1950/51	Schuman-Plan und Gründung der Europäischen Gemeinschaft für Kohle und Stahl (EGKS); Einführung der Montanmitbestimmung
Ab 1956	Verstärkter Einsatz der Schrämwalze (Walzenschrämlader)
1958	Beginn der Kohlenkrise. Bochum ist als erste Stadt besonders betroffen; bis 1961 verlieren mehr als 100.000 oder rund 20 Prozent der Bergleute ihre Arbeit
1960	Zunehmender Abbau der Kohle durch Kohlenhobel und Schrämwalzen
1965	Zunehmender Einsatz des vollmechanischen Strebausbaus; erstes Verstromungsgesetz, das die Verwendung von Steinkohle in Kraftwerken fördert
1966	Das letzte Grubenpferd im Ruhrbergbau kommt auf dem Bergwerk General Blumenthal in Recklinghausen nach über Tage
1968/69	„Kohlegesetz" und Gründung der Ruhrkohle AG (RAG) als Einheitsgesellschaft
1970	Erster Schildausbau auf dem Bergwerk Victor-Ickern in Castrop-Rauxel

1973	Erste Ölkrise; Konzentration des Kohleabsatzes auf Stahlindustrie und Elektrizitätswirtschaft
1974	Drittes Verstromungsgesetz; Hoffnungen auf Renaissance der Kohle durch die Ölkrise
1977	„Jahrhundertvertrag" zwischen Steinkohlenbergbau und Elektrizitätswirtschaft zur Absatzförderung
1980	„Jahrhundertvertrag" zur Sicherung des Steinkohlenabsatzes an die öffentliche und industrielle Kraftwirtschaft bis 1995
1980er-Jahre	Starke Absatzeinbrüche, Rückgang der Anzahl der Bergbaubeschäftigten auf weniger als 100.000
1989	Schacht Grimberg 3 der Zeche Haus Aden in Bergkamen ist mit 1.635 m der tiefste Schacht Europas
1997	Ende der Steinkohlenförderung im Aachener Revier; Kohlepolitische Vereinbarung: starke Reduzierung der staatlichen Zuschüsse und langfristige Reduzierungsplanungen bei Belegschaften und Förderung
1998	Übernahme der Saarbergwerke AG durch die RAG Aktiengesellschaft und Umfirmierung der Ruhrkohle Bergbau AG in Deutsche Steinkohle AG (DSK)
2007	Kohlegipfel: Sozialverträgliches Auslaufen der subventionierten Steinkohlenförderung in Deutschland bis 2018
	Gründung der RAG Stiftung: Die Stiftung soll die Geschäftsfelder Chemie, Energie und Immobilien des Industriekonzerns Evonik Industries AG an den Kapitalmarkt führen, um den sozialverträglichen Anpassungsprozess im deutschen Steinkohlenbergbau bis 2018 zu steuern und die Ewigkeitslasten zu finanzieren
2012	Endgültige Festlegung auf ein sozialverträgliches Auslaufen der subventionierten Steinkohlenförderung in Deutschland bis 2018; Ende des Steinkohlenbergbaus im Saarrevier
2018	Ende des deutschen Steinkohlenbergbaus mit Schließung der beiden letzten Zechen Prosper-Haniel in Bottrop und Ibbenbüren im nördlichen Münsterland; Steiger Jürgen Jakubeit übergibt das letzte Stück Steinkohle, das in Deutschland gefördert wurde, an Bundespräsident Frank-Walter Steinmeier

Populärer Irrtum

Musterknaben

In ihren Anlagen- und Abbaustrukturen ähnelten sich alle Zechen. Große Unterschiede bestanden jedoch in ihrer Anlagenausstattung. Manche waren sehr innovativ und immer auf dem neuesten Stand der Technik, andere veraltet und hinter der Zeit zurück.

Der technische Fortschritt der verschiedenen Zechen hing maßbeglich mit den Bedingungen innerhalb der abgebauten Lagerstätte zusammen, mitunter aber auch mit der Geschäftspolitik der Zechenleitung. Von Beginn an existierten Musterzechen, die als das Maß der Dinge galten und denen viele nacheiferten. In der ersten Hälfte des 19. Jahrhunderts besaß die Essener Zeche Sälzer & Neuack diesen Titel. Sie ging schon sehr früh zum Tiefbau über und setzte 1809 als erste Zeche Dampfmaschinen zur Förderung ein. 1835 verwendete sie ebenfalls erstmals im Ruhrgebiet Förderseile aus Eisendraht. Bis Anfang der 1870er-Jahre war Sälzer & Neuack eine der leistungsstärksten Anlagen und lag in dieser Rangliste über Jahre an der Spitze.

Zentralschachtanlage Zollverein XII, Essen, um 1955

Zeche Zollern, 2020

Mit der Bedeutung des Bergbaus wuchs auch das Selbstbewusstsein von Bergwerkseigentümern und ihren Direktoren. Ab dem ausgehenden 19. Jahrhundert dienten Zechen zur Repräsentation ihrer Macht. Ihre Architektur war das Spiegelbild des Erfolges. Sie sollte beeindrucken und verdeutlichen, mit wem man es zu tun hatte. Ein herausragendes Beispiel ist die bis heute weitgehend unverändert erhaltene Dortmunder Zeche Zollern 2/4. Zeitgenössisch hochmodern, wurde sie ab 1898 im Jugendstil, zugleich aber mit der Struktur einer Schlossanlage errichtet. Die baumgesäumte Zufahrt mündet auf einem großen Platz, um den sich die Gebäude gruppieren. Deren Ziegelmauerwerk ist durch Ziersteine und Putzflächen dekoriert. Hinter der Stahlfachwerkkonstruktion der Maschinenhalle verbarg sich eine hochmoderne technische Ausstattung. Auf Zollern arbeitete eine der ersten elektrischen Fördermaschinen des Ruhrbergbaus.
In den 1920er-Jahren wichen solche verspielten Ausdrucksformen einer reduzierten Zweckarchitektur. Im Vordergrund des Interesses stand nun die Förder- und Aufbereitungstechnik. Und diese ließ sich am besten in eckigen Gebäuden unterbringen. Gleichzeitig setzte sich der Industriebau mit Stahlfachwerk und Ziegelausmauerung durch. Idealtypisch für diese Entwicklung ist die zum Weltkulturerbe zählende Zeche Zollverein XII in Essen. Sie vereinigte nüchterne Architektur und modernste Technik zur neuen Form der zentralisierten Großschachtanlage. Wie die Nummer XII schon andeutet, existierten elf ältere Zollverein-Schachtanlagen. Die Förderung und Kohlenaufbereitung wurde nun auf Schacht XII zusammengefasst, was erheblich Kosten sparte. Damit ist sie ein wichtiges Beispiel für die Rationalisierung des Ruhrbergbaus in den 1920er-Jahren.

Aha EXTRA

Von guten und schlechten Wettern

Neben den alltäglichen Verletzungsrisiken lauerten im Bergwerk immer und überall unsichtbare Gefahren. Die Angst vor dem Tod und der „letzten Schicht“ (Bergmannsbegräbnis) war lange Zeit ein stetiger Begleiter der Bergleute.

Am meisten gefürchtet waren Grubengasexplosionen, die unvermittelt auftraten und teilweise zu schweren Grubenunglücken mit mehreren hundert Toten führten. Ursache solcher Schlagwetterexplosionen war die Anreicherung von Methan im Grubenwetter, wie die Bergleute die Luft bezeichneten. Lag der Anteil oberhalb von 4 Prozent, war das Gemisch explosiv und konnte sich durch irgendeinen Anlass entzünden. Dazu reichte ein Funke beim Schlag von Metall auf Metall oder eine defekte Grubenlampe.
Als in dieser Hinsicht besonders berüchtigte Zeche galt Neu-Iserlohn in Bochum, wo es bereits 1868 zum ersten Unglück mit mehr als 100 Toten und in den folgenden Jahrzehnten zu zahlreichen weiteren Explosionen kam. 1908 starben auf der Zeche Radbod im Hamm fast 250 Kumpel und 1946 beim schwersten Unglück in der Geschichte des Ruhrbergbaus auf der Zeche Grimberg in Bergkamen mehr als 400.
Die Gasexplosion konnte eine Kohlenstaubexplosion nach sich ziehen, wenn die am Boden liegende Feinkohle durch den Explosionsdruck aufgewirbelt wurde und sich entzündete. Von der eigentlichen Explosion waren allerdings die wenigsten Bergleute betroffen. Die meisten erstickten in den giftigen Verbrennungsgasen wie Kohlenmonoxid. Ausschlaggebend für solche Unglücke war letztlich die unzureichende Bewetterung (Belüftung) des Grubengebäudes, was auch im Verlauf der großen Bergarbeiterstreiks immer wieder scharf kritisiert wurde.

Wurde nicht ausreichend frische Luft zugeführt, konnten außerdem matte Wetter entstehen. Dabei sank der Sauerstoffgehalt durch die Atmung der Bergleute, den Verbrauch der Grubenlampen und die Oxidation der Kohle unter den Normalwert von 21 Prozent. Kohlendioxid sammelte sich aufgrund des höheren Gewichts zunächst am Boden und drang bald in höhere Bereiche der Grubenbaue vor. Die Bergleute spürten dies umgehend. Die Atemfrequenz stieg und Lampen brannten schwächer. In ungünstigen Fällen entstanden böse Wetter und es drohte der Erstickungstod.
Seit den 1950er-Jahren sank die Anzahl der Schlagwetterexplosionen durch eine verbesserte Bewetterung und zahlreiche Sicherheitsmaßnahmen rapide. Messgeräte für Methan und Kohlendioxid gaben jederzeit Aufschluss über die Gaskonzentration in der Luft. Außerdem führten die Bergleute sogenannte Filterselbstretter mit sich, die die Erstickung durch Kohlenmonoxid verhinderten. Seither waren die Hauptursachen für größere Unglücke Gebirgsschläge (kleine Erdbeben) sowie Verschüttungen durch hereinbrechendes Deckgebirge (Stein- und Kohlenfall).

Postkarte zum Grubenunglück auf der Zeche Lothringen in Bochum, 1912

Barbara

Traditionell besaß der Bergbau in Europa eine tiefreligiöse Prägung. Die Bergleute suchten im Glauben Gottes Schutz vor den Gefahren der Arbeit und beteten zugleich für ertragreiche Lagerstätten. Eine ähnliche Funktion besaß die Verehrung von Heiligen und auch Personen aus dem Alten Testament. Viele dieser Bergbaupatrone besaßen nur eine lokale Bedeutung in einzelnen Bergbaugebieten, andere entwickelten eine überregionale Strahlkraft.

Die mit Abstand bedeutendste Bergbauheilige ist Barbara, die auch zu den 14 Nothelfern zählt und von zahlreichen anderen Berufsgruppen wie Hüttenleuten, Steinmetzen, Feuerwehrleuten, Maurern und Schmieden verehrt wird. Barbara von Nikomedien soll im 3. Jahrhundert wahrscheinlich im gleichnamigen Gebiet der heutigen Türkei gelebt haben, doch existiert kein Nachweis zu ihrer Existenz. Folglich gibt es zu ihrem Leben keine verlässlichen Informationen, sondern nur zahlreiche Legenden mit teils unterschiedlichen Angaben. Danach soll sie den Wunsch gehabt haben, zum Christentum überzutreten, was ihr Vater ablehnte. Er sperrte sie daraufhin in einen Turm, um sie von der Außenwelt abzuschotten. Dennoch ließ sie sich taufen, floh durch in einen sich wunderhaft öffnenden Felsspalt, wurde gefangen und vom römischen Statthalter gefoltert. Jesus heilte jedoch ihre Wunden, worauf ihr Vater ihr nach erneuter Folterung den Kopf abschlug.
Die Verehrung der Heiligen Barbara begann im 12. Jahrhundert im mitteleuropäischen Erzbergbau. Zur Schutzheiligen der Bergleute wurde sie wahrscheinlich durch ihren plötzlichen Tod und die Rettung durch den Fels. Die Öffnung des Gesteins stand dabei sowohl für die glückliche Rückkehr an die Erdoberfläche als auch die Auffindung reichhaltiger Gold- und Silbervorkommen.
Im Steinkohlenbergbau des Ruhrgebiets ist die Barbaraverehrung bis heute Teil des kulturellen Gedächtnisses. Der Barbaratag am 4. Dezember wird mit einer traditionellen Bergparade mit Start- und Endpunkt am Deutschen Bergbau-Museum Bochum und einem Gottesdienst begangen.
Die Religiosität der Bergarbeiter sank jedoch bereits im Verlauf der Industrialisierung. Hatte die Gläubigkeit der Bevölkerung bereits im Zuge der Aufklärung abgenommen, beschleunigten das neue Arbeitsumfeld und die allgemein schlech-

te Situation diese Entwicklung. Bereits im 19. Jahrhundert beklagten die Kirchen sinkende Besucherzahlen bei den Gottesdiensten. Damit verschwand auch Barbara aus dem Blick vieler Bergleute.

Statue der Heiligen Barbara am Bergwerk Prosper-Haniel in Bottrop

Aha EXTRA

Schwankender Untergrund

Bergbauliche Aktivitäten haben immer Einfluss auf die Erdoberfläche. Dies gilt sowohl für die sichtbaren Gruben des Braunkohlenbergbaus als auch für die unsichtbaren des untertägigen Steinkohlenbergbaus.

Mehrere Jahrhunderte Bergbau haben den Untergrund des Ruhrgebiets in einen Schweizer Käse verwandelt. Tausende Kilometer Stollen, Schächte, Strecken und andere Grubenbaue durchzogen das Steinkohlengebirge bis in eine Tiefe von 1.500 Meter. Bei den neueren Bergwerken ist ihre Lage angesichts der umfassenden Dokumentationen der Bergbehörden bekannt, bei den älteren jedoch mangels Unterlagen teilweise nicht. Arbeiteten die Großzechen des mittleren und nördlichen Ruhrgebiets mit vergleichsweise wenigen Schächten, dafür aber nach und nach auf verschiedenen Sohlen (Stockwerken) in tieferen Bereichen, war es bei den Stollenzechen andersherum. Ihre Grubenbaue lagen oberflächennah und besaßen zahlreiche Öffnungen zur Erdoberfläche.
Durch den Bergbaubetrieb entstanden unter Tage Hohlräume. Diese ließ man lange Zeit einbrechen, sobald der Abbau der Kohle beendet war (Bruchbau). Nur zwischen den 1920er- und 1950er-Jahren wurde in Teile dieser ausgekohlten Bereiche vermehrt Versatz eingebracht, d. h. man füllte sie mit Bergematerial (taubes Gestein), gab dies jedoch aus Kostengründen wieder auf.
Im Laufe der Zeit senkte sich die Erdoberfläche des Ruhrgebiets systematisch ab. Die ganze Region ist mehr oder minder davon betroffen. Über den abgebauten Grubenfeldern kam es zu Senkungstrichtern, deren Ausdehnung von der Tiefe der Grubenbaue abhing. Lagen diese relativ oberflächennah, waren die Trichter vergleichsweise klein und tief, lagen sie weiter unten, sank der Boden großflächig, aber in geringem Ausmaß ein. In einigen Bereichen mit dauerhaftem Bergbau wie im Essener Stadtgebiet erreichten die Bergsenkungen einen Umfang von bis zu 25 Metern.
Diese Entwicklung führte an der Oberfläche zu umfassenden Schäden, den sogenannten Bergschäden. Betroffen waren vor allem Gebäude, wo sich Risse

im Mauerwerk auftaten, die derart stark sein konnten, dass sie nicht mehr nutzbar waren und abgebrochen werden mussten. Andere Häuser neigten sich in einem Maße, dass man sich gezwungen sah, neue Böden einzuziehen, damit sie bewohnbar blieben. An vielen Orten im Ruhrgebiet sind solche Bergschäden deutlich erkennbar. Auch Straßen, Eisenbahntrassen, Dämme und Versorgungsleitungen mussten immer wieder ausgebessert werden. Die Bergwerksgesellschaften bzw. ihre Nachfolger sind bis heute zu Entschädigungsleistungen gesetzlich verpflichtet. Diese versuchten sie früher zu umgehen, indem sie besonders betroffene Flächen aufkauften. Aus dieser Praxis resultierte auch der große Grundbesitz der Zechen.

Gerade eingesetzte Fenster in einem durch Bergsenkungen schief stehenden Haus in Gelsenkirchen-Ückendorf, 2020

Wohin mit dem Zeug?

Wurde das im Bergbaubetrieb und in der Kohlenwäsche anfallende Gestein (Berge) nicht zum Bergversatz verwendet und wieder in das Grubengebäude gebracht, musste es aufgehaldet werden. Solche Bergehalden gehörten bis in die 1950er-Jahre zum typischen Bild vieler Zechen. Als Betriebsgelände waren sie für die Öffentlichkeit gesperrt.
Angesichts des großen Flächenverbrauchs wurden die meisten kleineren Halden nach und nach beseitigt. Man verwendete das Gestein für den Straßen- und Deichbau oder zur Produktion von Baumaterialien. Die älteren Halden enthielten jedoch noch einen großen Anteil Kohle, der mit den technischen Möglichkeiten des 19. Jahrhunderts nicht genutzt werden konnte. Gerade in Zeiten des Kohlenmangels, wie nach den beiden Weltkriegen, wurde das Haldenmaterial erneut aufbereitet, um diese Reste zu gewinnen. Diese waren durchaus nicht unproblematisch, denn Kohle neigt unter entsprechenden Bedingungen zur Selbstentzündung. Es entstanden Haldenbrände, die nicht oder nur sehr schwer zu löschen waren.
Heute existieren im Ruhrgebiet noch rund 80 Halden, darunter zahlreiche kleine Resthalden, aber auch mehrere Großhalden mit Höhen von mehr als 100 Metern und Flächen von bis zu 150 Hektar. Viele sind renaturiert und dienen als Naherholungsgebiet.

Die Halde Haniel in Bottrop mit der Installation „Totems“ des baskischen Künstlers Agustín Ibarrola ist heute ein beliebtes Ausflugsziel.

Pütt Eimerweise

Der Kohlenmangel nach dem Zweiten Weltkrieg sorgte im Ruhrbergbau für ein einzigartiges Phänomen – man kehrte zurück zu den Wurzeln. Überall im südlichen Ruhrgebiet, wo ein Großteil der Zechen bereits zwischen der Jahrhundertwende und den 1920er-Jahren geschlossen worden war, wurde der Bergbau wiederaufgenommen. Allein im Bochumer Raum entstanden mehr als 100 Kleinzechen, im gesamten Ruhrgebiet dürften es wohl 500 gewesen sein. Sie hatten mitunter eine Belegschaft von gerade zehn Bergleuten und nur wenige kamen auf mehr als 30. Entsprechend gering war die Förderung, sodass sie im Volksmund als „Pütt Eimerweise" bezeichnet wurden. Doch auch dieser Kleinbergbau war ein lohnendes Geschäft. Folglich interessierten sich zahlreiche Bauern, Geschäftsleute und viele Bergfremde für den Schritt in die Kohle. Der Abbau erfolgte meist per Handarbeit im Stollenbetrieb in Flözen, die die alten Zechen übriggelassen hatten.

Der größte Teil der Zechen war in den 1950er-Jahren in Betrieb, manche nur wenige Monate, andere einige Jahre. Die meisten schlossen dann zu Beginn der Kohlenkrise ab 1958, als der Kohlenabsatz und mit ihm die Preise stark einbrachen. Die letzte Zeche dieser Art war 1976 Egbert in Witten.

Direkt nach dem Krieg gab es außerdem an vielen Stellen illegalen, von den Bergbehörden nicht genehmigten Kohlenabbau. Aus diesem Grund sollten gerade in Wäldern die Warnschilder, die Wege nicht zu verlassen, dringend befolgt werden.

Kleinzeche St. Barbara, Bochum-Stiepel, 1950er-Jahre

Unter Wasser

Das vorindustrielle Ruhrgebiet war eine idyllische, landwirtschaftlich geprägte Landschaft. Eingerahmt von der Ruhr im Süden und der Lippe im Norden, floss das kleine Flüsschen Emscher.

Nur wenige Meter breit, durchzog die Emscher die Region in unzähligen Windungen von Dortmund über Herne, Gelsenkirchen, Bottrop und Oberhausen bis Duisburg. Da der größte Teil des Ruhrgebiets über zahlreiche Bäche zur Emscher hin entwässert, überschwemmte sie in den Wintermonaten teilweise weite Gebiete. In dieser feuchten Auenlandschaft, dem Emscherbruch, leben sogar noch Wildpferde.
Es scheint keinen ungünstigeren Ort für das Zentrum von Europas größtem Industriegebiet zu geben. Mit dem Aufkommen der Zechen in der Emscherregion seit den 1860er-Jahren veränderte sich die Wassersituation dramatisch. Bald wurde die Bevölkerung der wachsenden Städte und Gemeinden mit Ruhrwasser versorgt. Die Zechen pumpten pro Tonne Kohle etwa 1 Kubikmeter Wasser an die Oberfläche, sodass 1870 bereits 10 Mio., 1900 dann 60 Mio. Kubikmeter Wasser anfielen. Dazu kam das Nutzwasser der Kohlenwäschen und Kokereien. Diese Abwässer liefen weitgehend über die Nebenbäche in die Emscher. Verschärft wurde die Überlastung des Emschersystems durch die Bergsenkungen. Da der Fluss zwischen Quelle und Mündung nur ein sehr geringes Gefälle aufwies, änderte sich der natürliche Abfluss (Vorflut) oder wurde vollständig aufgehoben. Nicht selten entstanden im Emscherbruch regelrechte Seenplatten, in denen sich die salz- und kohlehaltigen Abwässer des Bergbaus mit den häuslichen Abwässern mischten. So kam es bis Anfang des 20. Jahrhunderts immer wieder zu Ausbrüchen von Seuchen wie Cholera und Typhus.
Die Wasserverschmutzung führte zu zahllosen Prozessen von Grundeigentümern gegen die Bergbaugesellschaften und Kommunen. Sie konnten ihr Vieh nicht mehr tränken, während zugleich die Ablagerungen der Überschwemmungen den Boden vergifteten. 1878 beendete das Reichsgericht den Streit und genehmigte die „ortsübliche Verschmutzung".

Die ausgebaute Emscher neben dem Rhein-Herne-Kanal in Oberhausen, 1955

Da diese nicht messbar war, öffnete das Urteil den Weg zur uneingeschränkten Verwendung des Emschersystems als Abwasserkanal.
Erst die 1899 gegründete Emschergenossenschaft beendete diesen Zustand. Dem weltweit ersten Abwasserverband gehörten alle Kommunen und Unternehmen an. Bis zum Ersten Weltkrieg baute die Emschergenossenschaft den Fluss und viele Nebenbäche zu einem offenen Kanalsystem um, regelte die Vorflut und sorgte von nun an für eine reibungslose Ableitung. Die „Köttelbecken", wie die mit Betonsohlschalen ausgelegten Bäche bald im Volksmund hießen, gehörten von nun an zum typischen Bild des Ruhrgebiets. Im Laufe des Jahres 2021 soll die 1992 begonnene Renaturierung der Emscher und die Verlegung in unterirdische Kanäle abgeschlossen sein. Dann ist auch die Köttelbecke Geschichte.

Aha EXTRA

Hier fliegen Briketts durch die Luft

Nicht nur im Bereich des Abwassers, sondern auch im Hinblick auf die Luftverschmutzung war das Ruhrgebiet über 150 Jahre lang eine Region der stetigen Umweltkrise. Das gesamte Energiesystem basierte auf dem Energieträger Kohle und auch die seit den 1960er-Jahren aufkommenden neuen Ausgangprodukte Öl und Erdgas sind fossilen Ursprungs.

An allen Ecken und Enden wurde Kohle verbrannt. Sie erzeugte Wärme für sämtliche Produktions- und Weiterverarbeitungsanlagen der Eisen- und Stahlindustrie, befeuerte Dampfmaschinen und Elektrizitätswerke und beheizte Wohnungen, Büros und Geschäfte. Die Zechen förderten den privaten Kohlenverbrauch mit kostenloser oder vergünstigter Deputatkohle, die jeder Bergmann erhielt. Die Folge war eine ungemeine Luftverschmutzung, gespeist aus tausend Feuern, die bald zum literarischen Inbegriff der Region wurden. Schon frühe Reiseberichte erzählen, dass sich das Ruhrgebiet durch seinen Geruch ankündigte, bevor man es sah. Einmal angekommen, stand man im ewigen Dunst, der die Sonne verdunkelte. Überall lag Staub und Asche, die sich aus dem Hüttenrauch absetzten und die ganze Region grau erscheinen ließen. Bei regnerischem Wetter und Windstille verstärkte sich der Smog, der vielerorts ein Ausmaß hatte, wie man es heute nur noch aus asiatischen Großstädten kennt. Im Winter gab es mitunter kaum Unterschiede zwischen Tag und Nacht. Sprichwörtlich flogen Briketts durch die Luft.
Atemwegserkrankungen wie Asthma und chronischer Husten waren die typischen Begleiterscheinungen. Gerade die Arbeiter, die schon an ihren Arbeitsplätzen vielfachen Belastungen ausgesetzt waren, litten besonders. Aber auch die Kinder waren kränklich und wiesen überproportional häufig Krebs, Leukämie, Blutbildveränderungen, Rachitis, Wachstumsstörungen und Hautkrank-

heiten auf. In den 1920er-Jahren wurden sie als Industriekinder bezeichnet. Die Luftbelastung wurde allerdings weitgehend klaglos hingenommen, denn nur ein rauchender Schornstein bedeutete Arbeit und Brot. Ein Umweltbewusstsein im heutigen Sinne existierte nicht. Selbst in Postkartenmotive wurden nachträglich schöne fette Qualmwolken hineinkoloriert.
Bis heute ist es im Ruhrgebiet bei vielen älteren Bewohnern Legende, dass man draußen keine weiße Wäsche trocknen konnte und einmal am Tag die Fensterbänke abfegen musste. Als Willy Brandt 1961 als Kanzlerkandidat der SPD forderte, „der Himmel über dem Ruhrgebiet muss wieder blau werden", war das zunächst kaum mehr als ein Wahlprogramm. Schließlich sorgte zunächst die Kohlenkrise für eine Verbesserung der Situation, denn stillgelegte Anlagen rauchten nicht. Die erste „Technische Anleitung Luft" (TA Luft) von 1964, die den Beginn des Emissionsschutzes in Deutschland markierte, änderte wenig. Erst in den 1970er-Jahren sollte sich die Luft im Ruhrgebiet spürbar verbessern.

Der Bochumer Verein, um 1910. Die Rauchwolken wurden bei der Kolorierung der Karte nachträglich verstärkt.

Aha

Der „Polenquerschlag“

Das Ruhrgebiet war immer eine Einwanderungsregion. Die Bevölkerung wuchs von rund 200.000 Menschen im Jahr 1815 auf über 5 Mio. in den 1960er-Jahren. Die höchsten Zuwachsraten verzeichnete die Region im Verlauf der Hochindustrialisierung.

Seit den 1870er-Jahren stieg der Arbeitskräftebedarf der Zechen und Stahlwerke stark an und die Unternehmen begannen, Menschen aus den östlichen Provinzen des Deutschen Reiches anzuwerben. Diese waren zwar offiziell Deutsche, fühlten sich aber als Polen und sprachen Polnisch. Dies lag daran, dass Preußen, Österreich und Russland das Land Ende des 18. Jahrhunderts unter sich aufgeteilt hatten und seither kein eigenständiger polnischer Staat mehr existierte.

Bis zum Ersten Weltkrieg kamen so rund 500.000 „Ruhrpolen“ aus Posen, Schlesien und Masuren in das Rheinisch-Westfälische Industriegebiet. Da viele Einwanderer sich bevorzugt an Orten niederließen, wo schon eine größere polnische Gemeinde existierte, bildeten sich landsmannschaftlich weitgehend geschlossene Siedlungszentren heraus. Ähnliches galt für die Zechen. Die im Bergbau typische Gruppenarbeit unter Tage in der Ortskameradschaft förderte die Bindung auch am Arbeitsplatz, sodass sich hier ähnliche Muster herausbildeten. Im Jahr 1900 existierten 19 sogenannte „Polenzechen“, darunter drei in Recklinghausen, vier in Herne und fünf in Gelsenkirchen. Den höchsten Anteil polnischer Arbeiter besaßen die Hertener Zeche Ewald mit 85 Prozent, Pluto in Herne mit 75 Prozent, Dannenbaum in Bochum mit 72 Prozent und die Zeche Graf Bismarck in Gelsenkirchen mit 71 Prozent. Bis 1905 stieg die Anzahl der „Polenzechen“ auf 30, um danach mit der weiter wachsenden Gesamtbelegschaft des Ruhrbergbaus wieder abzusinken. Recklinghausen und Herne besaßen 1910 mit einem Anteil von 23,1 Prozent bzw. 21,6 Prozent die größte „polnische“ Bevölkerung.

Die räumliche Trennung von „Deutschen“ und „Polen“ erschwerte die Integration. Da die „Polen“ weiter ihre Sprache und Kultur pflegten und unter sich blieben, war Fremdenfeindlichkeit in der Bevölkerung, bei Arbeitgebern und Behörden weit verbreitet. Obwohl die Zechen ihre Arbeitskraft dringend benötigten, wurden sie abschätzig behandelt und polizeilich beobachtet. Man setzte sie bevorzugt für schwere, gesundheitsschädliche und gering bezahlte Arbeiten ein, was ihnen den Vorwurf der Lohndrückerei einbrachte. Dies aber verstärkte wiederum die Rückzugstendenzen der „Polen". Seit den 1880er-Jahren schufen sie sich eine eigene Welt.

Bochum wurde zum kulturellen und institutionellen Zentrum der „Ruhrpolen". An der Straße Am Kortländer entstand der sogenannte „Polenquerschlag". Hier befanden sich u. a. die Redaktion der großen polnischsprachigen Zeitung „Wiarus Polski", die Arbeiterbank (Bank Robotników), die Polnische Gewerkschaftsvereinigung (Zjednoczenie Zawodowe Polskie ZZP) und die Filiale der Handelsbank (Kasa depositowa Bank Handlowy).

Am Kortländer, 2010. Die Inschrift auf der Fassade des Hauses Nr. 2 verweist bis heute auf den Sitz der Bank Robotnikow.

Aha

Maschinenwelt

Bis ins 20. Jahrhundert arbeiteten die Bergleute nach traditionellen Verfahren. Änderten sich im Verlauf der Industrialisierung die Produktionsweisen aller anderen Wirtschaftszweige insbesondere durch den verstärkten Einsatz von Maschinen, blieb es im Bergbau beim Alten.

In den 1920er-Jahren veränderte sich der Ruhrbergbau dann innerhalb weniger Jahre in einem ähnlichen Ausmaß wie zuvor beim Übergang vom Stollen- zum Tiefbau. Das Schlagwort hieß Rationalisierung. Die Kohlenförderung sollte effizienter, leistungsfähiger und kostengünstiger gemacht werden. Zentralisierte Großschachtanlagen – wie die heute zum UNESCO-Weltkulturerbe zählende Zeche Zollverein XII in Essen – ersetzten viele kleinere Anlagen. Die Anzahl der Zechen sank in kurzer Zeit von rund 200 auf 150 und damit ungefähr auf den Wert der 1950er-Jahre. Unter Tage verdrängte nun endgültig der Langfrontstrebbau die älteren Abbauverfahren. Statt in vielen kleinen Abbaubetrieben wurden die Flöze nun in möglichst langen Abschnitten von teilweise bis zu 200 Meter gewonnen. Damit sank die Anzahl der Betriebspunkte um 70 Prozent. Gleichzeitig verbesserte das neue Verfahren die Einsatzmöglichkeiten von Maschinen.
Der Abbauhammer war erstmals 1905 im Ruhrbergbau verwendet worden, hatte sich jedoch zunächst nur langsam verbreitet. Nun ersetzte er überall die Kohlenhacke. Das pressluftbetriebene Gerät wurde im Ruhrgebiet von zahlreichen Unternehmen produziert, darunter die Flottmann-Werke in Herne. Zur Abförderung der Kohle vom Streb zu den Förderstrecken diente die Schüttelrutsche – eine Blechrinne, die mittels eines Antriebs in eine rüttelnde Vorwärts- und Rückwärtsbewegung versetzt wurde. Damit waren Gewinnung und Transport der Kohle mechanisiert.
Durch diese Rationalisierungsmaßnahmen wandelte sich der Arbeitsplatz des Bergmanns rapide und die ohnehin schon schwere Arbeit wurde nochmals härter. So ging die Verdoppelung der untertätigen Arbeitsleistung von rund einer auf zwei Tonnen pro Mann und Schicht Ende 1920er-Jahre weitgehend zulasten der Bergleute. Hinzu kamen der ohrenbetäubende Maschinenlärm, der nun weite Teile der Bergwerke erfüllte, und die sogenannte Abbauhammerkrankheit (Gelenk-

arthrose). Bis in die 1950er-Jahre blieb der Abbauhammer das Hauptwerkzeug der Kohlengewinnung. Gewöhnen konnte man sich an ihn jedoch nie, wie das Gedicht „Abbauhammer“ des Bottroper Bergmanns Kurt Küther eindrucksvoll zeigt:

Narbiger Fäuste lebendige Klammer
umspannt den Griff am Abbauhammer,
lässt ihn sich in die Kohle fressen,
knatternd, dröhnend – wie besessen.
Er frisst sich nicht nur in die Kohlenwände,
er frisst sich fort bis in die Hände.
Und der Finger Knöchel schwellen
und die Handgelenke quellen.
Werde ich den Hammer zwingen?
Den Arm hinauf die Schmerzen springen,
graben ein sich in den Nacken,
bis die Rückenwirbel knacken,
lassen Kopf und Schultern beben,
hämmern, hämmern sich ins Leben!

Abbauhammerarbeit, um 1955

Populärer Irrtum

Der letzte Facharbeiter

Kurze Einführung über Tage, Vorstellung der Vorgesetzten, Verweis auf die Arbeitsordnung, dann ab in die Grube – und schon war man Bergmann. So sah bis weit in das 20. Jahrhundert für viele der Einstieg in die Welt der Kohle aus. Entscheidend war die körperliche Leistungsfähigkeit, alles andere lernte man während der Arbeit. Erst 1940 und damit später als alle anderen Berufszweige wurde der Bergmann zum Facharbeiter mit dreijähriger Ausbildung, Berufsschulbesuch und anschließender Knappenprüfung, die der Gesellenprüfung entsprach. Die frühestens nach weiteren Jahren folgende Hauerprüfung berechtigte den Bergmann dann, alle Tätigkeiten eigenständig durchzuführen. Für die Steiger als mittlere Ange-stellte im Bergbau existierte bereits seit 1816 die Bergschule in Bochum. Sie war nicht nur die mit Abstand größte Einrichtung ihrer Art in Deutschland, sondern auch Vorbild für das gesamte Bergschulwesen. Mit dem Niedergang des Bergbaus in den 1960er-Jahren folgte die Umwandlung der Bergschule zur Fachhochschule. Heute firmiert sie als Technische Hochschule Georg Agricola. Namensgeber Agricola veröffentlichte 1556 das erste moderne Bergbaulehrbuch und gilt als Begründer der Bergbauwissenschaft.

Berglehrlinge der Zeche Friedrich Ernestine, Essen, 1950er-Jahre

Aha EXTRA

Bergbau im Museum

Das Deutsche Bergbau-Museum Bochum ist das weltweit bedeutendste Fachmuseum seiner Art. Es dokumentiert die facettenreiche Entwicklung der Rohstoffgewinnung von der Antike bis zur Gegenwart und ihre Bedeutung für die Menschheit. Ein besonderer Schwerpunkt liegt auf dem Steinkohlenbergbau des Ruhrgebiets. Größtes Ausstellungsobjekt und zugleich Wahrzeichen des Hauses wie auch der Stadt Bochum ist das denkmalgeschützte, 71,4 Meter hohe und 650 Tonnen schwere Fördergerüst. Es stammt von der stillgelegten Dortmunder Zeche Germania und wurde 1973/74 über dem Museum aufgebaut. Auch das Anschauungsbergwerk war niemals ein aktiver Zechenbetrieb. Das mittlerweile rund 2,5 Kilometer lange Streckennetz wurde ab 1936 angelegt und liegt nur rund 20 Meter unter der Erdoberfläche. Das Museum wurde 1930 gegründet und seither mehrfach erweitert und umgebaut. Auf dem Gelände befand sich zuvor der Bochumer Schlachthof, dessen Großviehschlachthalle die Keimzelle der Ausstellung bildete. Erst 1972 wurden die letzten alten Gebäudeteile abgerissen. Das monumentale Hauptgebäude mit dem Eingangsbereich entstand in der zweiten Hälfte der 1930er-Jahre. Architekt war wie bei der Essener Zeche Zollverein Fritz Schupp. Im Sommer 2019 wurde das Bergbau-Museum nach mehrjährigen Umbauarbeiten mit einer vollständig erneuerten Ausstellung wiedereröffnet.

Das Deutsche Bergbau-Museum Bochum, 2020

Aha EXTRA

Entscheidend is auf'm Platz

„Mein Großvater war Bergmann, mein Vater, meine Onkel, alle, auch ich wurde Bergmann." Zunächst deutete alles im Leben von Horst Szymaniak aus Oer-Erkenschwick auf eine typische Ruhrgebietskarriere.

Mitte der 1950er-Jahre tauschte Szymaniak jedoch endgültig die Bergmannskluft der Zeche Ewald Fortsetzung mit dem Fußballtrikot, wurde einer der ersten deutschen Auslandsprofis und absolvierte 43 Länderspiele. Bekannter und erfolgreicher war Helmut Rahn, Weltmeister von 1954 und Schütze des entscheidenden Endspieltors, Deutscher Meister mit Rot-Weiss Essen 1955 und Sohn eines Kohlenhändlers.
In dieser Zeit galt das Ruhrgebiet als Deutschlands Fußballhochburg. Nach Essen eroberten Borussia Dortmund (1956/1957) und Schalke 04 (1958) den Fußballthron. Mit dem Zechensterben ging der Region jedoch auch auf dem Platz die Puste aus. Dortmund brachte es zwar 1963 noch einmal zu höchsten Weihen, dann aber war bis Mitte der 1990er-Jahre Sendepause bis zu weiteren Meistertiteln. Ob hier ein Zusammenhang besteht, mag jeder selbst entscheiden.
Eines ist jedoch klar: Der Bergbau besaß für den Fußball im Ruhrgebiet zwar eine besondere Bedeutung, aber keinesfalls eine alles überragende, wie man manchmal glauben mag. Vor dem Ersten Weltkrieg war Fußball neben Turnen, Radfahren, Tennis und Rudern zunächst der Sport der (klein-)bürgerlichen Mittelschicht. Sowohl Schalke 04 als auch Borussia Dortmund und Westfalia Herne entstanden aus diesem Milieu. Zwar wurde auch unter den Arbeitern Fußball gespielt, häufig jedoch unorganisiert und noch außerhalb von Vereinen. Ihnen fehlte dafür schlichtweg die Zeit und auch das Geld, waren doch Schuhe und Trikots quasi unerschwinglich. Im Hinterhof oder auf dem Acker nebenan ging es auch ganz gut ohne.

Heinrich Mäusezahl, Torhüter des STV Horst-Emscher, wehrt im Schatten der Fördertürme von Mont Cenis II/IV einen Sodinger Angriff ab. Im September 1953 verfolgten 18.000 Zuschauer das Spiel der beiden Klubs in der Oberliga West.

In den 1920er-Jahren änderte sich die Situation grundlegend. Nun wurde Fußball nicht nur zur Massenkultur, sondern auch zum Arbeitersport Nummer Eins. Man spielte nicht nur selbst, sondern identifizierte sich auch mit einem der unzähligen lokalen Vereine. Viele Zechen förderten diese Entwicklung, indem sie Fußballplätze bereitstellten und Mannschaften unterstützten. Der Sieg eines Arbeitervereins über die als „Lackschuhclubs" verpönten Bürgervereine war das Größte und wurde auch als Mittel zur gesellschaftlichen Emanzipation verstanden.
Und dies umso mehr, als Schalke 04 zwischen 1934 und 1942 sechs deutsche Meistertitel einsammelte und in der Glückauf-Kampfbahn mit dem berühmten Kurzpassspiel des „Schalker Kreisels" als unschlagbar galt. Die Selbstinszenierung als „Knappen" war Teil des in dieser Zeit entstandenen Mythos. Bergleute fehlten jedoch längst in dieser Mannschaft.

Populärer Irrtum

Tradition

Schlägel und Eisen im Stadtwappen von Gelsenkirchen

Der Bergbau in Westeuropa besitzt eine rund tausendjährige Tradition. Ausgehend vom Erzbergbau, wurden viele Elemente der bergmännischen Kultur auch im Steinkohlenbergbau des Ruhrgebiets fortgeführt.
Die Pflege übernahmen die Bergwerksgesellschaften und seit den 1860er-Jahren auch Knappenvereine, die bald überall entstanden. Sie waren entweder für die Belegschaften einzelner Zechen oder aber aller Bergwerke einzelner Stadtteile zuständig. Heute existieren im Ruhrgebiet noch mehr als 70 solcher Vereine.
Der Rückgriff auf ältere Vorbilder zeigt sich allenthalben. Schlägel und Eisen waren die typischen Werkzeuge des Erzbergbaus und bereits im 15. Jahrhundert sein wichtigstes Wahrzeichen. Obwohl im industriellen Bergbau des Ruhrgebiets bedeutungslos, blieben sie als Aushängeschild der Branche erhalten. Gelsenkirchen und Oberhausen tragen sie bis heute in ihren Stadtwappen. Ähnliches gilt für den aus dem 17. Jahrhundert stammenden Gruß „Glückauf!" als Wunsch für einen glücklichen Bergbau und eine gesunde Wiederkehr an die Erdoberfläche. Auch die von den Knappenvereinen getragene Festtracht, der Bergkittel, erinnert in vielen Elementen an traditionelle Bergmannskleidung.

Aha EXTRA

Glück auf!

Es gibt ein Lied, das im Ruhrgebiet wohl jeder kennt. Selbst Kinder können die Zeilen fortsetzen, wenn angestimmt wird „Glück auf! Glück auf!". Das sogenannte Steigerlied „Glück auf! Der Steiger kommt" besitzt auch nach dem Ende des deutschen Steinkohlebergbaus eine identitätsstiftende Funktion und einen Wiedererkennungswert im Revier, aber auch weit darüber hinaus.

Ursprünglich wurde es als berufsständisches Lied der Bergleute entwickelt und war in unterschiedlichen Fassungen im gesamten deutschen Bergbau verbreitet. Seine Tradition reicht zurück bis ins 16. Jahrhundert; in einem Zwickauer Liederbuch von 1531 finden sich die ersten Fassungen. Heute wird es bei Schalke 04 und bei Rot-Weiss Essen ebenso gesungen wie beim FC Erzgebirge Aue. Im Saarland gilt es als „heimliche" Landeshymne; im Ruhrgebiet muss das Steigerlied nicht nur heimlich eine Hymne sein: Hier, wo regionale Identitätsbildung stark mit der Montanindustrie verbunden ist, steht das Steigerlied als wohl bekanntestes Beispiel für viele andere Lieder mit Arbeitsbezug und kann als Allgemeingut und Festgesang mit Beliebtheit über alle Alters- und Ortsgrenzen hinaus gesehen werden.

Im April 2020 wurde das Steigerlied in das immaterielle Kulturerbe von Nordrhein-Westfalen aufgenommen; ein Antrag für die Aufnahme ins bundesweite Verzeichnis des immateriellen Kulturerbes ist in Planung.

September 2018: Mit einer gemeinsamen Festveranstaltung würdigten der Landtag Nordrhein-Westfalen und der Landtag des Saarlandes das Ende des deutschen Steinkohlenbergbaus. Der Ruhrkohle-Chor singt zum Abschied das Bergmannslied.

Aha EXTRA

In aller Munde

In einer Umfrage des Westdeutschen Rundfunks wurde das durchaus als Hymne des Ruhrgebiets zu bezeichnende „Steigerlied“ als eines der populärsten Lieder des Reviers nur übertroffen von Herbert Grönemeyers „Bochum“. Und nicht nur (Berg-)Männerchöre singen das Lied. In den letzten Jahren sind unterschiedlichste musikalische Versionen erschienen: Metal-Adaptionen wie vom Bandprojekt Knappen des Sängers der Gelsenkirchener Band Sodom, Schlagerfassungen – und die Ska-Punk-Band Vertikal hat sogar eine neue Strophe ergänzt.

Glück auf, Glück auf! Der Steiger kommt,
und er hat sein helles Licht bei der Nacht,
und er hat sein helles Licht bei der Nacht
schon angezünd't, schon angezünd't.

Schon angezünd't, das wirft seinen Schein,
und damit so fahren wir bei der Nacht,
und damit so fahren wir bei der Nacht
ins Bergwerk h´nein, ins Bergwerk h´nein.

Ins Bergwerk h´nein, wo die Bergleut sein,
die da graben das Silber und Gold bei der Nacht,
die da graben das Silber und Gold bei der Nacht
aus Felsenstein, aus Felsenstein.

Der eine gräbt das Silber, der andere gräbt das Gold.
Doch dem schwarzbraunen Mägdelein bei der Nacht,

doch dem schwarzbraunen Mägdelein bei der Nacht
dem sei'n sie hold, dem sei'n sie hold.

Ade, Ade! Herzliebste mein!
Und da drunten in dem tiefen, finst'ren Schacht bei der Nacht,
und da drunten in dem tiefen, finst'ren Schacht bei der Nacht,
da denk ich dein, da denk ich dein.

Und kehr ich heim zur Liebsten mein,
dann erschallet des Bergmanns Gruß bei der Nacht,
dann erschallet des Bergmanns Gruß bei der Nacht,
Glück auf, Glück auf! Glück auf, Glück auf!

Wir Bergleut sein, kreuzbrave Leut,
denn wir tragen das Leder vor dem Arsch bei der Nacht,
denn wir tragen das Leder vor dem Arsch bei der Nacht
und saufen Schnaps, und saufen Schnaps!

***Die Ära ist vorbei, doch unser Stolz der bleibt,
und so singen wir mit voller Kraft durch die Nacht,
und so singen wir mit voller Kraft durch die Nacht
„Glück auf, Glück auf! Glück auf, Glück auf!"***

Aha EXTRA

Kohle und Krieg

Schon zu Friedenszeiten war Steinkohle der mit Abstand wichtigste Energieträger Deutschlands. Sie deckte rund zwei Drittel des Gesamtbedarfs, war zentraler Ausgangsstoff für die chemische Industrie und unverzichtbar sowohl bei der Stahlerzeugung als auch im Transport- und Verkehrssektor.

Während des Zweiten Weltkriegs stieg die Bedeutung der Kohle nochmals, denn das Deutsche Reich wurde von sämtlichen Energielieferungen aus dem Ausland abgeschnitten. Das nationalsozialistische Regime setzte daher alles daran, die Fördermengen möglichst hochzuhalten. Da mit zunehmendem Kriegsverlauf immer mehr Bergleute zum Militärdienst eingezogen wurden, kam es bald zum Masseneinsatz von Zwangsarbeitern. Im Mittelpunkt dieses unmenschlichen Ausbeutungssystems stand der Ruhrbergbau. Er lieferte 1939 mit 124 Bergwerken und einer Belegschaft von 330.000 Mann rund 130 Mio. Tonnen Steinkohle, was zwei Dritteln der deutschen Gesamtförderung entsprach.
Zu Beginn des Ersten Weltkriegs war die Förderung massiv eingebrochen und konnte auch durch den Einsatz von insgesamt rund 70.000 Zwangsarbeitern nicht wieder erhöht werden. Dies musste nun aus Sicht der Machthaber unbedingt vermieden werden und die Vorstände der Bergbaugesellschaften unterstützten sie in dieser Haltung vorbehaltlos.
Obwohl in den ersten beiden Kriegsjahren zahlreiche Ausländer im Ruhrbergbau arbeiteten, blieb ihr Anteil an den Belegschaften zunächst noch vergleichsweise gering. Bis Ende 1941 wuchs er dann auf rund 10 Prozent. Ein Großteil dieser insgesamt rund 30.000 Arbeiter war im Rahmen sogenannter Sonderwerbeaktionen aus besetzten Gebieten und befreundeten Staaten wie Italien nach Deutschland gekommen. Kriegsgefangene spielten dagegen nur eine untergeordnete Rolle.
Nach Beginn des Russlandfeldzuges änderte sich dies. Der Ruhrbergbau steigerte nicht nur den Anteil ausländischer Arbeitskräfte, sondern auch den der Kriegs-

Russisch-deutsches Bilder-Wörterbuch für den Steinkohlenbergbau

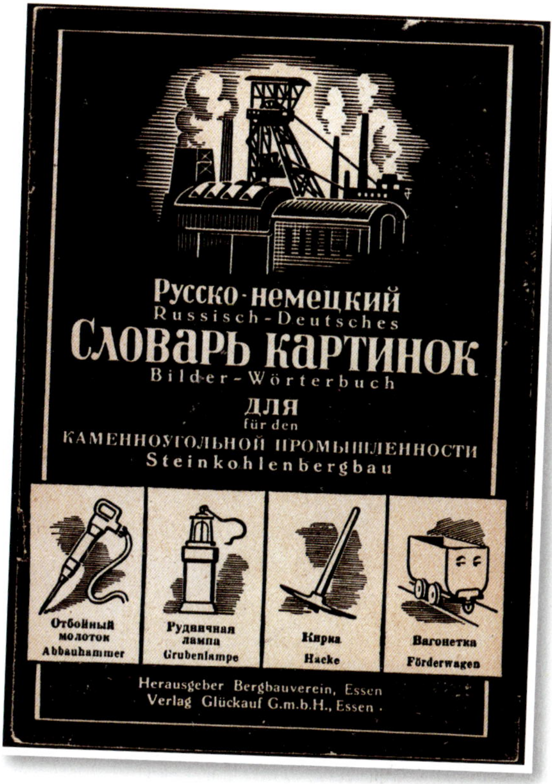

gefangenen. Auf dem Höhepunkt im August 1944 schufteten 150.000 Ausländer für Hitlers „Endsieg", darunter mehr als die Hälfte russische Kriegsgefangene, die nach Deutschland deportiert wurden. Fast 40 Prozent der Belegschaften bestanden aus Zwangsarbeitern, bei einigen Zechen lag der Anteil erheblich höher. Konzentrationslagerhäftlinge fehlten dagegen vollständig. Insgesamt dürften im Ruhrbergbau bis Kriegsende etwa 350.000 Zwangsarbeiter tätig gewesen sein. Verlässliche Zahlen zu den Todesfällen liegen nicht vor, doch dürften etwa 10 Prozent die Arbeit im Ruhrbergbau nicht überlebt haben. Wohl erheblich höher lag der Anteil der durch die verbreitete Mangelernährung, Unfälle und Krankheiten gesundheitlich dauerhaft Geschädigten. Nur mit diesem verbrecherischen und skrupellosen System konnte die Kohlengewinnung im Ruhrgebiet bis 1944 auf einem hohen Niveau gehalten werden.

Flüssige Kohle

Die Nationalsozialisten begannen schon früh, Deutschland auf einen Krieg vorzubereiten. Neben der eigentlichen Rüstungsindustrie konzentrierten sich die Maßnahmen auf die Produktion von Ersatzstoffen. Das Land sollte unabhängig von Importen werden.
Im Mittelpunkt der Autarkiepolitik der Nationalsozialisten stand die Kraftstoffproduktion, da Deutschland, anders als bei der Kohle, nur sehr geringe Ölvorkommen besaß und besitzt. Benzin sollte bevorzugt aus Kohle produziert werden, was technisch seit den 1920er-Jahren kein Problem darstellte, aber extrem aufwendig und teuer war. Das Verfahren hieß Kohlehydrierung bzw. Kohleverflüssigung.
1935 gründete die staatliche Bergwerksgesellschaft Hibernia die Hydrierwerk Scholven AG in Gelsenkirchen, die ein Jahr später die weltweit erste großindustrielle Steinkohlenhydrierung in Betrieb nahm. 1939 folgte das Werk der Gelsenberg Benzin AG in Gelsenkirchen-Horst. Beide Anlagen wurden mehrfach ausgebaut und erzeugten bis zu ihrer Zerstörung 1944 Hundertausende Tonnen Flugkraftstoffe.
Nach dem Zweiten Weltkrieg wurde die Kohlehydrierung als kriegswichtige Industrie verboten. Anfang der 1950er-Jahre wurden beide Werke auf die Verarbeitung von Erdöl umgestellt. Heute bilden die zur Ruhr Oel GmbH – BP Gelsenkirchen gehörenden Anlagen nach den Anlagen von Shell in Köln den zweitgrößten Raffineriestandort in Deutschland.

Hydrierwerk Scholven, 1940

Tierische Kumpel

Tiere spielten im Bergmannsleben eine besondere Rolle. Schon während der Industrialisierung gehörten Ziegen, Hasen, Schweine und Geflügel zum üblichen Bild in den Zechensiedlungen. Fast jede Familie nutzte die zu den Häusern gehörenden Ställe zur Nahrungsmittelversorgung und das Schlachtfest am Anfang des Winters war ein Höhepunkt des Jahres.

An der Wende zum 20. Jahrhundert wandelte sich das Verhältnis von Mensch und Tier. Zwar stand immer noch die Nahrungsmittelproduktion im Vordergrund, doch die Züchtung von Geflügel und Kaninchen wurde nun auch zum Teil der Freizeitgestaltung. Überall im Ruhrgebiet entstanden Vereine, die sich der Pflege dieses Hobbys widmeten. Auf Ausstellungen und Wettbewerben prämierte Tiere wurden zu Haustieren und Familienmitgliedern.

Am offensichtlichsten war diese Entwicklung bei den Brieftauben. Seit dem 19. Jahrhundert vor allem zu militärischen Zwecken eingesetzt, wurden Tauben nun zum beliebten Freizeitvergnügen. Wettflüge boten nicht nur Nervenkitzel, sondern auch die Chance auf Geld und Ehre. Viele „Taubenväter" lebten mit ihren Tieren in einer eigenen Welt.

In den vergangenen Jahrzehnten verlor der Taubensport zusehends an Bedeutung. Ausschlaggebend für das sinkende Interesse waren neben dem hohen Zeitaufwand und den wachsenden Kosten verbreitete Haltungsverbote in Neubausiedlungen sowie ein verändertes Freizeitverhalten. Dennoch wurde die Taubenhaltung 2018 zum immateriellen Kulturerbe von Nordrhein-Westfalen erhoben.

Ställe im Hinterhof der Siedlung Holper Heide, Herne 1961

Punkte für den Wiederaufstieg

Nach dem Zweiten Weltkrieg lag Deutschland in Schutt und Asche. Die Grundlage für den Wiederaufbau bildete die Steinkohle.

Dabei zeigte der Ruhrbergbau ein ambivalentes Bild. Einerseits waren die Zerstörungen der Zechen durch den Bombenkrieg in den meisten Fällen nicht so gravierend, wie zunächst befürchtet, und lagen weit hinter denen der übrigen Industrie zurück. Viele Anlagen nahmen bereits 1945 wieder ihren Betrieb auf. Andererseits erwies sich bald der Mangel an Bergarbeitern als größtes Problem. Die Zwangsarbeiter, die 1944 noch 40 Prozent der Belegschaften ausgemacht hatten, waren in ihre Heimatländer zurückgekehrt, die verbliebenen deutschen Kumpel blieben überaltert und wenig leistungsfähig zurück.

Die alliierten Militärbehörden hatten zudem die im Krieg eingeführten Leistungszulagen gestrichen, sodass viele Bergleute die Strapazen der zu dieser Zeit noch 10-stündigen Schichten nicht mehr durchstehen konnten. Sie wehrten sich mit der „Moral der 1.000 Kalorien": Die Zahl der willkürlichen Feierschichten erreichte nahezu 30 Prozent und gleichzeitig verringerten sich Arbeitstempo und -intensität. So war es nur schwer möglich, die Förderung zu steigern und neue Bergleute zu gewinnen.

Es mussten also Anreize geschaffen werden. Diese sogenannten Anspornmaßnahmen begannen Anfang 1947 mit dem Bergarbeiter-Punktesystem. Abhängig von der Schwere der Arbeit und der beruflichen Stellung erhielten die Bergleute Punkte, die gegen Nahrungs- und Genussmittel sowie Konsumgüter eingetauscht werden konnten. Die Maximalration lag bei 750 Gramm Speck, 1 Pfund Kaffee, 250 Gramm Zucker, 2 Flaschen Schnaps und 100 Zigaretten pro Monat. Das Ziel des Punktesystems lag eindeutig in der Verminderung von Fehlschichten, denn diese wurden mit massiven Punkteverlusten und einem Bezugsverbot für die beliebten Genussmittel bestraft.

Zwischen Juli 1947 und März 1948 schuf die Militärregierung weitere Leistungsanreize durch die dreimalige Verteilung von CARE-Paketen (CARE = Cooperative

for American Remittances to Europe). Das erste Paket enthielt Nahrungsmittel mit 40.000 Kalorien, das zweite Kleidung, das dritte auch Genussmittel. Die Ausgabe beschränkte sich auf die unter Tage Beschäftigten bzw. anerkannte Schwerstarbeiter. Voraussetzung für die Zuteilung war u. a. die Erreichung einer Sollförderung, die während eines gewissen Zeitraumes überschritten werden musste.
Mit der Einführung des Importwaren-Kaufmarken-Systems Anfang 1948 profitierten die Bergarbeiter schließlich von Deviseneinnahmen aus dem Kohlenexport. Auch hier wurden bevorzugt Nahrungsmittel ausgegeben.
Der Erfolg der Anspornmaßnahmen lässt sich nur schwer bewerten. Sie trugen jedoch sicherlich dazu bei, dass die Förderung schon 1949 mit fast 100 Mio. Tonnen wieder den Stand von 1936 erreichte und mehr als 400.000 Beschäftigte im Ruhrbergbau arbeiteten.

Werbeplakat zum Punktesystem, 1947

Werbung für CARE-Pakete, 1947

Aha EXTRA

Am Anfang waren Kohle und Stahl

Der Bergbau und die Montanindustrie hatten im Zweiten Weltkrieg die Grundlage der deutschen Rüstungsproduktion gebildet. Nach Kriegsende stand das Ruhrgebiet als schwerindustrielles Zentrum unter internationaler Kontrolle.

Zahlreiche Anlagen und Werke sollten nach Ende des Zweiten Weltkrieges demontiert werden. Mit dem Kalten Krieg entstanden jedoch bald Konzepte zur Integration Westdeutschlands in das westliche Wirtschaftssystem. Ziel war die Kontrolle des deutschen Rüstungspotenzials und eine gegenseitige Unterstützung beim Wiederaufbau.

Im April 1949 unterzeichneten die USA, Großbritannien, Frankreich und die Beneluxstaaten in London das Abkommen über die Errichtung einer internationalen Ruhrbehörde. Dieses sogenannte Ruhrstatut stellte die westdeutsche Schwerindustrie unter deren Aufsicht. Die Bundesregierung akzeptierte diese Regelung nach Gründung der Bundesrepublik und entsandte eigene Vertreter in die Behörde.

Im Mai 1950 stellte dann der französische Außenminister Robert Schuman einen Plan zur Zusammenlegung der deutschen und der französischen Kohle- und Stahlproduktion unter einer gemeinsamen Aufsichtsbehörde vor. Knapp ein Jahr später unterzeichneten Frankreich, die Bundesrepublik, Belgien, Italien, Luxemburg und die Niederlande den Vertrag zur Gründung der Europäischen Gemeinschaft für Kohle und Stahl (EGKS). Damit schufen die Mitgliedstaaten für die Dauer von 50 Jahren einen gemeinsamen Markt für die beiden Produkte, auf dem die entsprechenden Binnenzölle aufgehoben und gemeinsame Außenzölle vereinbart wurden. Als oberstes Organ der Gemeinschaft fungierte die Hohe Be-

hörde mit Sitz in Luxemburg. Ein Ministerrat vertrat die Interessen der nationalen Regierungen gegenüber der Hohen Behörde und besaß ein Anhörungsrecht bei allen grundsätzlichen Entscheidungen. Als parlamentarische Kontrollinstanz diente die Gemeinsame Versammlung von 78 Abgeordneten der nationalen Parlamente der Mitgliedstaaten. Ein Gerichtshof entschied bei Uneinigkeit.
Die EGKS nahm im Juli 1952 die Arbeit auf. Sie war weltweit die erste übernationale Organisation, an die Mitgliedstaaten freiwillig Teile ihrer Hoheitsrechte abtraten. Mit der Montanunion begann der europäische Einigungsprozess, der Weg zur Europäischen Union (EU) und eine bis heute andauernde Phase des Friedens in Europa. Aus ihren Organen entstanden die heutigen EU-Organe Kommission, Rat, Parlament und Gerichtshof.

Plakat von 1950

Aha

Wir reden mit

In der zweiten Hälfte der 1940er-Jahre begann die Entflechtung und Neuordnung der deutschen Montanindustrie. Ziel war die Zerschlagung von Großkonzernen und die Demokratisierung der Entscheidungsprozesse. Die Aufsichtsräte der neu gegründeten Unternehmen wurden paritätisch mit Arbeitnehmervertretern besetzt. Im Vorstand saß zudem ein von der Arbeitnehmerseite bestätigter Arbeitsdirektor. Diese Regelung war jedoch noch nicht gesetzlich abgesichert. 1950 plante die Bundesregierung unter Konrad Adenauer, sie wieder abzuschaffen. Erst massive Streikdrohungen der Gewerkschaften sorgten für ein Einlenken des Bundeskanzlers. Am 7. Juni 1951 trat das Mitbestimmungsgesetz in Kraft. Es garantierte Arbeitnehmern in Deutschland erstmals eine gleichberechtigte Teilhabe an Entscheidungen und ist mit Änderungen bis heute gültig. Anfangs galt es für Unternehmen des Bergbaus und der Eisen und Stahl erzeugenden Industrie, die mehr als 1.000 Mitarbeiter beschäftigten und die Rechtsform einer Aktiengesellschaft oder GmbH besaßen.

Je nach Größe bzw. Grundkapital des Unternehmens bestand der Aufsichtsrat aus 11, 15 oder 21 Mitgliedern. Bei elf Mitgliedern stammten jeweils vier von der Arbeitgeber- und der Arbeitnehmerseite. Dazu konnte jede Gruppe einen weiteren externen Vertreter bestimmen. Gemeinschaftlich wählte der Aufsichtsrat dann das elfte Mitglied.

Plakat zur Urabstimmung über die Mitbestimmung, 1951

Aha EXTRA

Ein Riese auf tönernen Füßen

Mit der Währungsreform im Sommer 1948 setzte in Westdeutschland ein nachhaltiger Aufschwung ein. Das Wirtschaftswachstum erreichte Mitte der 1950er-Jahre 10,5 Prozent und blieb auch in den folgenden Jahren auf hohem Niveau stabil. Das Bruttosozialprodukt verdoppelte sich in diesem Wirtschaftswunder-Jahrzehnt, die Löhne und Renten stiegen. Bald herrschte Vollbeschäftigung und der Bundeshaushalt war trotz hoher Ausgaben ausgeglichen. Die Energiebasis für diese Entwicklung lieferte die Steinkohle, die nun zu rund 90 Prozent aus dem Ruhrgebiet stammte. Angesichts seiner besonderen Bedeutung war der Bergbau umfassend reguliert. Der Staat verordnete niedrige Kohlenpreise und zahlte im Gegenzug Subventionen. Diese reichten jedoch nicht aus, um die Förderung der Zechen auf das nötige Niveau zu bringen. Schon seit den 1940er-Jahren importierte die Bundesrepublik Steinkohle bevorzugt aus den USA. Diese war trotz der Transportkosten günstiger als einheimische Kohle. 1955 erreichte die westdeutsche Förderung 131 Mio. Tonnen, während die Importe auf 16 Millionen Tonnen stiegen. Damit wurden schon jetzt rund 10 Prozent des Verbrauchs auf diesem Weg gedeckt. Gleichzeitig zeichnete sich eine Energiewende ab, denn die Importe von äußerst billigem Erdöl wuchsen rasant an. Sein Anteil an der Energieversorgung war zwischen 1950 und 1957 von 4 auf 11 Prozent angestiegen und schon jetzt war absehbar, dass der Bergbau dieser neuen Konkurrenz nur wenig entgegenzusetzen hatte.

Veba-Raffinerie Gelsenkirchen-Horst, 1970er-Jahre

Aha EXTRA

Schwarze Fahnen an der Ruhr

Ende der 1950er-Jahre begann in allen westeuropäischen Bergbaunationen die Kohlenkrise. Schnell wurde deutlich, dass es sich bei den Absatzschwierigkeiten der Steinkohle nicht um eine kurzfristige konjunkturelle Schwankung, sondern um eine ausgewachsene Strukturkrise handelte.

Die einheimische Steinkohle war im internationalen Vergleich viel zu teuer. Gerade der Ruhrbergbau war durch ungünstige geologische Bedingungen belastet. Hinzu kamen die Kosten für hohe Löhne, Sicherheits- und Sozialstandards. Der Druck stieg von allen Seiten. Braunkohle und Importkohle bedrängten die Steinkohle bei der Stromerzeugung, das Erdöl in allen anderen Verwendungsbereichen. Es war nicht nur äußerst billig, sondern ließ sich auch einfacher transportieren und verarbeiten. Bald wurde es zum bevorzugten Grundstoff der chemischen Industrie. Wer wollte noch Kohlen und Asche schleppen, wenn er zu Hause stattdessen eine Ölheizung installieren konnte? Und die wachsende Zahl der Autos fuhr ohnehin mit Benzin. Ab der zweiten Hälfte der 1960er-Jahre sorgten zudem Erdgas und Kernenergie für weitere Konkurrenz. Von der Verdoppelung des Energieverbrauchs zwischen 1950 und 1964 konnte der Ruhrbergbau daher nicht profitieren. Im Gegenteil! Kurz zuvor noch als Motor des Wirtschaftswunders gefeiert, rutschte der Anteil der Steinkohle am Gesamtbedarf in diesem Jahr erstmals unter 50 Prozent. Im Februar 1958 kam es im Ruhrbergbau erstmals zu unbezahlten Feierschichten. Die Halden unverkaufter Kohle wuchsen dramatisch. Ab 1960 reagierten die Bergbaugesellschaften mit umfangreichen Zechenstilllegungen. Besonders betroffen war am Anfang Bochum, wo sechs Zechen mit mehr als 10.000 Arbeitsplätzen schlossen. Innerhalb kurzer Zeit erfasste die Kohlenkrise jedoch das gesamte Ruhrgebiet. Die Sorge um die Arbeitsplätze und die Zukunft der Region führte zu zahlreichen Massendemons-

Demonstration in Bochum, September 1959

trationen der Bergleute. Die Proteste richteten sich gegen die Energiepolitik der Bundesregierung, aber auch gegen die Zechengesellschaften.
Schwarze Fahnen gehörten bald zum typischen Bild des Arbeitskampfes.
Zum Symbol der Kohlenkrise wurden sie durch die Schließung der Zeche Graf Bismarck in Gelsenkirchen Anfang Februar 1966. Obwohl die Anlage zu den produktivsten im gesamten Ruhrgebiet gehörte, hatte sich die Eigentümerin Deutsche Erdöl AG zu diesem Schritt entschlossen. Ein wichtiger Grund waren die damit verbundenen Stilllegungsprämien.
1966/67 erreichte die Stilllegungswelle einen Höhepunkt. Hatte es 1954 noch 148 Zechen gegeben, waren es jetzt nur noch 65. Gleichzeitig war die Förderung um fast 30 Prozent auf noch 90 Mio. Tonnen eingebrochen. Und ein Ende war längst nicht absehbar.

Mechanisierung

In den 1920er-Jahren hatten der Abbauhammer und die Schüttelrutsche den Bergbau stark verändert. Mit der Kohlenkrise kam es nun zu einer weiteren Technisierungswelle. Das Ziel lag darin, die Kohle nicht nur maschinell abzubauen, sondern gleichzeitig auch abzutransportieren. Dazu musste auch der Ausbau der Gewinnungsstrecken verändert werden. Als erstes Gerät dieser Art setzte sich in den 1950er-Jahren der Kohlenhobel durch. Er bestand aus einem mit Schneidwerkzeugen besetzten Grundkörper, der mit Ketten am Kohlenstoß vorbeigezogen wurde und einen bis zu 30 Zentimeter tiefen Streifen aus der Kohle herausschnitt. Räumschaufeln führten die gewonnene Kohle direkt dem Strebförderer zu. In den 1960er-Jahren folgte der Walzenschrämlader, der in rotierender Bewegung das Flöz in seiner gesamten Höhe aus dem Gebirge schnitt. Hydraulische Stahlstempel ersetzten die älteren Holzstempel und wurden bald zu größeren Einheiten weiterentwickelt, dem Bock- und Schildausbau. 1960 lag der Anteil der vollmechanischen Gewinnung im Ruhrkohlenbergbau bei knapp 40 Prozent, während 13 Prozent teilmechanisch und noch fast 48 Prozent in Handarbeit abgebaut wurden. 1970 waren bereits 92 Prozent vollmechanisiert, und 10 Jahre später gehörte die Arbeit mit Abbauhammer und Schaufel in diesem Bereich der Geschichte an. Mit dem Kohlenhobel, dem Schrämlader und dem Schildausbau war die grundsätzliche technische Entwicklung der Steinkohlengewinnung im Ruhrbergbau abgeschlossen.

Kohlenhobel der Eisenhütte Westfalia mit Panzerförderer, Zeche Friedrich Heinrich, Kamp-Lintfort, 1950er-Jahre

Neue Kollegen

Mitte der 1950er-Jahre zeichnete sich in der Bundesrepublik ein Arbeitskräftemangel ab. Bald herrschte im Wirtschaftswunderland Vollbeschäftigung und die Unternehmen konkurrierten um neue Mitarbeiter. Der Bergbau hatte dabei schlechte Karten, denn viele mieden die harte Arbeit unter Tage. Schon nach dem Krieg hatte man bevorzugt Aussiedler und Flüchtlinge eingestellt und nun blieb nur noch die Anwerbung im Ausland.
Ab 1956 kamen zunächst Italiener, Griechen, Spanier, Portugiesen und Jugoslawen ins Ruhrgebiet. 1961 folgten nach einem Anwerbeabkommen Türken, die schon 1965 mit rund 10.000 die mit Abstand größte Gruppe bildeten. Und diese Position sollten sie noch ausbauen. Ende 1973 arbeiteten im Ruhrbergbau fast 30.000 Ausländer, was annähernd 20 Prozent der Gesamtbelegschaft entsprach. Drei Viertel davon stammten aus der Türkei. In den 1960er- und 1970er-Jahren kamen insgesamt außerdem 8.000 koreanische Bergleute in den deutschen Bergbau.
Auch nach dem Anwerbestopp 1973 stellten die Zechen weiterhin türkische Neubergleute ein, die bereits zuvor in anderen Branchen gearbeitet hatten. Außerdem begannen viele Söhne der türkischen Bergleute eine Ausbildung im Bergbau. Aufstiegsmöglichkeiten besaßen sie allerdings kaum. 2001 waren von 5.400 türkischstämmigen Beschäftigten nur 63 Angestellte.

In der Bergbauleitstelle Essen-Heisingen treffen am 22. November 1960 362 Griechen ein, die im Ruhrgebiet als Bergleute arbeiten wollen.

Männerwelten?

Der Steinkohlenbergbau gilt gemeinhin als Männerwelt. Und tatsächlich war in Preußen seit 1865 die Arbeit von Frauen unter Tage verboten. Aber auch zuvor waren im Ruhrbergbau kaum Frauen beschäftigt. Selbst über Tage bildeten sie die absolute Ausnahme. Ausschlaggebend für diese Entscheidung waren neben der Härte und Gefährlichkeit der Arbeit vor allem Aspekte der Sittlichkeit, wurde doch die enge Zusammenarbeit von Männern und Frauen als unmoralisch betrachtet. In anderen Staaten und Revieren sah das anders aus. So stellten Frauen in Oberschlesien in den 1880er-Jahren 14 Prozent aller Beschäftigten. In Frankreich und Belgien arbeiteten sie bis zum Ersten Weltkrieg in allen Bereichen der Bergwerke, wenn auch nicht in der Kohlengewinnung. Nach Kriegsbeginn änderte sich auch die Sichtweise in Deutschland. Frauen gehörten nun auf den Ruhrzechen zum gewohnten Bild, zwar nicht vor der Kohle, aber im Bereich der Förderung über Tage, Kohlenwäschen, Brikettfabriken und Kesselhäuser. Im Zweiten Weltkrieg waren es dann Zwangsarbeiterinnen, die diese Tätigkeiten übernahmen, während die nationalsozialistische Ideologie den Einsatz deutscher Frauen ablehnte. Seit den 1960er-Jahren stellte der Ruhrbergbau dann verstärkt Frauen ein. 1973 waren es rund 10.000, davon 75 Prozent in den Verwaltungen und der Rest waren Putzkräfte. Aber eines ist klar: Ohne die „andere Bergarbeit", die unbezahlte der Bergmannsfrauen und -mütter, hätte die Männerwelt des Bergbaus niemals existieren können.

Eine Bergmannsfrau in Radbod-Hamm transportiert den auf dem Bürgersteig angelieferten Haufen Kohle in ihr Haus, 1974.

Grubennostalgie und Industriekultur

Erinnerungskultur zum Mitnehmen

Seit den 1970er-Jahren wurde die Kulturgeschichte durch die Geschichte des industriellen Zeitalters erweitert. Die Industriekultur besitzt viele Facetten. Sie befasst sich mit der raumprägenden Bedeutung der Industrie, mit der Architektur von Produktionsanlagen und Siedlungen, mit technischen Konzepten und ihren Auswirkungen auf die Arbeit. Als Grundlage dient die Erhaltung der Bausubstanz von Zechen, Industrieanlagen und Wohngebäuden.

Im Ruhrgebiet ist die Industriekultur längst zum Impulsgeber für den Strukturwandel der Region und Identitätsstifter für die Bevölkerung geworden. Fördergerüste und Zechenanlagen sind dabei in vielerlei Hinsicht Leuchttürme des kulturellen Verständnisses und als touristische Anziehungspunkte ein bedeutender Wirtschaftsfaktor. So umfasst die vom Regionalverband Ruhr entwickelte „Route der Industriekultur" zahlreiche Beispiele aus dem Bergbau. Daneben werfen zahlreiche Museen einen tiefen Blick in die Vergangenheit der Region.

In den letzten Jahren wurde die Erinnerungskultur zunehmend kommerziell. Unzählige Merchandisingprodukte bedienen die Nachfrage nach Grubennostalgie und Revierfolklore. Kleidungsstücke, Biere und Spirituosen, Nahrungsmittel, Geschirr und Wohndekoration – überall finden sich Bezüge zur regionalen Bergbautradition.

Aha EXTRA

Niemand fällt ins Bergfreie!

Seit Mitte der 1960er-Jahre wurde zunehmend deutlich, dass die Kohlenkrise nur gemeinsam überwunden werden konnte. Gewerkschaften, Unternehmen und Politik mussten in einer konzertierten Aktion aufeinander zugehen.

Ab 1966 wurden zahlreiche Konzepte zur Zukunft des Bergbaus entwickelt. Die Industriegewerkschaft Bergbau und Energie forderte schon früh die Zusammenfassung aller Zechen in einer gemeinnützigen Einheitsgesellschaft. Kein Arbeiter sollte ins Bergfreie fallen, so die Bezeichnung für ein Gebiet ohne Bergbau. Gemeint war natürlich eine umfassende staatliche Unterstützung des Bergbaus mit entsprechenden Sozialleistungen für die Kumpel.
Am 27. November 1968 wurde die Ruhrkohle AG als Einheitsgesellschaft des Ruhrbergbaus gegründet. Bis 1969 schlossen sich 25 Bergwerksunternehmen der Ruhrkohle AG an, die damit 94 Prozent der Förderung des Ruhrgebiets und rund 75 Prozent der deutschen Produktion auf sich vereinigte. Auf 52 Zechen, 29 Kokereien, fünf Brikettfabriken und 20 Zechenkraftwerken arbeiteten 183.000 Menschen. Große Teile des Grundbesitzes, die Bergarbeiterwohnungen und die meisten Großkraftwerke verblieben dagegen bei den Altgesellschaften. Diese erhielten außerdem für die Einbringung ihres Vermögens in die Ruhrkohle AG eine feste Verzinsung.
Das wichtigste Ziel der Ruhrkohle AG war die Entwicklung eines Gesamtplans zur Neuordnung des Ruhrbergbaus. Ein Schwerpunkt lag auf der weiträumigen Zusammenfassung von Lagerstätten und der Konzentration der Förderung auf ertragsstarke Anlagen. Damit verbunden war die langsame, aber systematische

Verringerung der Förderkapazitäten. Bis 1986 halbierte sich so die Anzahl der Zechen auf 24, während die Förderung nur um ein Drittel auf 60 Mio. Tonnen absank. Der Schrumpfungsprozess wurde durch umfangreiche staatliche Subventionen und Sonderabgaben auf Kohle finanziert. Dazu kamen Verträge zur bevorzugten Verwendung von deutscher Steinkohle in Kraftwerken und in der Stahlindustrie. Die exakte Höhe dieser umstrittenen und vielfach kritisierten Leistungen ist unbekannt. Sie wird auf rund 300 Mrd. Euro geschätzt.
Die wirtschaftlichen Folgen für die Bergleute wurden durch Sozialpläne abgemildert. Sie enthielten umfassende Regelungen über Abfindungen, Rentenfragen und Qualifikationsangebote. So konnten Bergleute mit einer gewissen Anzahl an Beitragsjahren schon mit 49 Jahren in den Vorruhestand gehen.
In den 1990er-Jahren kam es letztmals zu größeren Protestaktionen. 2007 folgte der endgültige Beschluss zur Einstellung des deutschen Steinkohlenbergbaus. Die letzte Zeche schloss im Aachener Revier 1997, im Saarland 2012, im Ruhrgebiet und in Ibbenbüren 2018 – und damit exakt 60 Jahre nach Beginn der Kohlenkrise.

Unterzeichnung des Grundvertrages der Ruhrkohle AG am 18. Juli 1969

Aha EXTRA

Danach

Seit 2011 ist die Energiewende in Deutschland in aller Munde. Angesichts des Klimawandels ist eine Reduzierung der Treibhausgasemissionen eines der drängendsten Probleme weltweit.

Die Umstellung von fossilen auf nachhaltige Energieträger verläuft jedoch relativ langsam. Verglichen mit 1990, sank der Gesamtenergiebedarf bis 2019 zwar um rund 15 Prozent, aber das Erdöl deckte weiterhin 35 Prozent, während sich der Anteil von Erdgas von 15 auf 25 Prozent erhöhte. Erkennbar verloren haben zugunsten der Erneuerbaren, die aus dem Nichts auf 15 Prozent zulegten, vor allem Kernenergie und Kohle. Im weltweiten Maßstab wurden dagegen bei der Kohle und auch beim Öl neue Rekordstände verzeichnet.
Mit der Einstellung des Steinkohlenbergbaus 2018 endete in Deutschland folglich auch nicht die Steinkohlennutzung. Was zuvor selbst produziert wurde, kommt jetzt allerdings aus dem Ausland. 2018 wurden fast 40 Mio. Tonnen für die Strom- und Stahlerzeugung importiert. Damit blieb dieser Wert seit 2005 nahezu unverändert, während 1991 gerade 15 Mio. Tonnen eingeführt wurden. Eine verlässliche Prognose der weiteren Entwicklung ist kaum möglich, jedoch kann davon ausgegangen werden, dass Steinkohle auch in den beiden folgenden Jahrzehnten noch eine gewisse Rolle spielen wird. Auch dem Ruhrgebiet bleibt der Bergbau nach dem Ende der aktiven Förderung noch erhalten, jedoch vielfach unbemerkt und jenseits der Industriekultur und der Museen. Zu gravierend sind seine Spuren und Hinterlassenschaften, seine dauerhaften Folgen, die ebenso dauerhaft bewältigt werden müssen. Aus diesem Grund werden sie auch als Ewigkeitsaufgaben oder Ewigkeitslasten bezeichnet.
Schon seit der Industrialisierung war das Grubenwasser der Zechen das größte Problem der Region. Es musste an die Oberfläche gepumpt und in Richtung Rhein abgeleitet werden. Da die Erdoberfläche im Ruhrgebiet durch den Kohlenabbau stark abgesunken ist, waren schon früh erhebliche technische

Die Wasserhaltung in der stillgelegten Zeche Heinrich in Essen ist immer noch in Betrieb und gehört zum Bereich der Ewigkeitsaufgaben der RAG.

Maßnahmen notwendig, damit es nicht zu großflächigen Überschwemmungen kam. Diese Aufgabe übernahm die Emschergenossenschaft, die auch heute noch in diesem Bereich tätig ist. Und auch der Bergbau muss weiterhin pumpen, damit eine solche Situation vermieden wird und sich das ansonsten ansteigende Grubenwasser nicht mit dem Grundwasser vermischt.

Diese Aufgabe übernimmt weiterhin die RAG Aktiengesellschaft. Sie betreibt aktuell im Ruhrgebiet elf zentrale Wasserhaltungsstandorte, die jährlich rund 70 Mio. Kubikmeter Wasser fördern. Langfristig soll die Anzahl auf sechs Standorte verringert werden. Die dauerhafte Finanzierung der Ewigkeitsaufgaben übernimmt die RAG-Stiftung als Hauptaktionärin des börsennotierten Unternehmens Evonik Industries AG.

Darüber hinaus trägt der sogenannte Nachbergbau aktiv zum weiteren Strukturwandel und damit zur Gestaltung der Zukunft des Ruhrgebiets bei.

Er unterstützt die Entwicklung ehemals bergbaulich genutzter Flächen und entwickelt Konzepte zur Nutzung erneuerbarer Energien. Die RAG ist zudem für die Entschädigung von Bergschäden zuständig.

Aha EXTRA

Das Bergbau-Quiz

1 **Wann gab es im industriellen Ruhrbergbau die meisten Zechen?**
A 1857
B 1913
C 1957

2 **Was sind schlechte Wetter?**
A Von oben herabtropfendes Wasser im Bergwerk
B Durch Kokereien hervorgerufene Luftverschmutzung
C Sauerstoffarme Luft oder explosive Luft-Gas-Gemische in der Zeche

3 **Was ist Markscheiderei?**
A Das bergbauliche Vermessungswesen
B Die Trennung von Kohle und Gestein
C Die Markenkontrolle bei der Ein- und Ausfahrt ins Bergwerk

4 **Mit welchem technischen Hilfsmittel bauten die Bergleute seit den 1920er-Jahren die Kohle ab?**
A Mit dem Walzenschrämlader
B Mit dem Kohlenhobel
C Mit dem Abbauhammer

5 **Was versteht man unter einer Bergmannskuh?**
A Ein Schaf
B Eine Ziege
C Ein Schwein

6 **Was ist ein Schlafgänger?**
A Ein Bergmann mit wechselnden Schlafstätten
B Ein obdachlosen Bergmann
C Ein Bergmann, der zur Untermiete bei einer Familie wohnte

7 **Wann kam es im Ruhrbergbau zum ersten großen Arbeiterstreik?**
A 1889
B 1905
C 1912

8 **Wie heißt die wichtigste Schutzheilige der Bergleute?**
A Klara von Assisi
B Barbara
C Walpurga

9 Was ist eine Pinge?

A Eine Kohlenschaufel
B Ein Stolleneingang
C Ein oberflächennaher, vorindustrieller Kohlenabbau

10 Wann begann der geregelte Kohlentransport auf der Ruhr?

A 1810
B 1780
C 1840

11 Was ist das Direktionsprinzip?

A Die Arbeit der Bergbehörden im modernen Bergbau
B Die allumfassende staatliche Verwaltung des vorindustriellen Bergbaus
C Die Unterdrückung der Arbeiter durch die Zecheneigentümer

12 Was ist eine Hängebank?

A Der Ort, wo am Schacht die Förderkörbe hielten
B Der obere Teil des Fördergerüstes
C Ein schräg stehendes Flöz

13 Wie tief war die tiefste Zeche?

A 1.266 Meter
B 997 Meter
C 1.635 Meter

14 Wie hoch war die jährliche Höchstförderung im Ruhrbergbau?

A Ca. 130 Mio. Tonnen
B Ca. 100 Mio. Tonnen
C Ca. 70 Mio. Tonnen

15 Wann endete in Deutschland der Steinkohlenbergbau?

A 2018
B 2005
C 1998

16 Was ist eine Köttelbecke?

A Eine Toilette unter Tage
B Ein zum Abwasserkanal umfunktionierter Bach
C Ein wenig ergiebiges Kohlevorkommen

17 Wieviel Grubenwasser wird noch heute jährlich im Ruhrgebiet abgepumpt?

A Etwa 10 Mio. Kubikmeter
B Etwa 40 Mio. Kubikmeter
C Etwa 70 Mio. Kubikmeter

18 Was versteht man unter Kohlenwäsche?

A Die Reinigung der Kohle
B Die Trennung von Kohle und Gestein
C Die Reinigung der Bergmannskleidung

19 Wo bildete der Bergbau Angestellte und Fachkräfte aus?

A An der Universität Aachen
B An der Bergakademie Freiberg
C An der Bochumer Bergschule

20 Welches aus dem Bergbau stammende Unternehmen ist auch heute noch nahezu jedem bekannt?

A Die Aral AG
B Die Ruhrgas AG
C Die Evonik Industries AG

21 Welche Stadt war als erste besonders von der Kohlenkrise betroffen?

A Dortmund
B Bochum
C Duisburg

22 Was ist Koks?

A Zu einem fast ausschließlich aus Kohlenstoff bestehenden Brennstoff verarbeitete Kohle
B Eine besondere Kohlensorte
C Kohle für die private Heizung

23 Woher stammt das Steigerlied?

A Aus Sachsen
B Aus Österreich
C Aus dem Saarland

24 Wer forderte: „Der Himmel über dem Ruhrgebiet muss wieder blau werden"?

A Konrad Adenauer
B Ludwig Erhard
C Willy Brandt

25 Welche Lieblingstiere hatten die Bergleute?

A Kanarienvögel und Hunde
B Tauben und Pferde
C Kaninchen und Ziegen

26 Wie heißt die bergmännische Versicherung?

A Knappschaft
B Knappenverein
C Knappenversicherung

27 Wo lag die östlichste Zeche im Ruhrgebiet?

A Hamm
B Beckum
C Ahlen

28 Warum kam es ab 1958 zur Kohlenkrise?

A Weil die Kohlenvorkommen im Ruhrgebiet langsam erschöpft waren
B Durch die Konkurrenz des Erdöls und billiger Importkohle
C Durch einen Mangel an Arbeitskräften im Wirtschaftswunder

29 Was versteht man unter Ortskameradschaft?

A Gruppenarbeit unter Tage

B Alle Bergleute an einem Ort

C Die Mitglieder eines Knappenvereins

30 Was sind Nebenprodukte?

A Minderwertige Kohlensorten

B Waren, die von den Zechen neben der Kohle verkauft wurden

C Die flüchtigen Bestandteile der Kohle

Quiz-Lösungen

1= **A** 1857

2 = **C** Sauerstoffarme Luft oder explosive Luft-Gas-Gemische in der Zeche

3 = **A** Das bergbauliche Vermessungswesen

4 = **C** Mit dem Abbauhammer

5 = **B** Eine Ziege

6 = **C** Ein Bergmann, der zur Untermiete bei einer Familie wohnte

7 = **A** 1889

8 = **B** Barbara

9 = **C** Ein oberflächennaher, vorindustrieller Kohlenabbau

10 = **B** 1780

11 = **B** Die allumfassende staatliche Verwaltung des vorindustriellen Bergbaus

12 = **A** Der Ort, wo am Schacht die Förderkörbe hielten

13 = **C** 1.635 Meter

14 = **A** Ca. 130 Mio. Tonnen

15 = **A** 2018

16 = **B** Ein zum Abwasserkanal umfunktionierter Bach

17 = **C** Etwa 70 Mio. Kubikmeter

18 = **B** Die Trennung von Kohle und Gestein

19 = **C** An der Bochumer Bergschule

20 = **A** Die Aral AG

21 = **B** Bochum

22 = **A** Zu einem fast ausschließlich aus Kohlenstoff bestehenden Brennstoff verarbeitete Kohle

23 = **A** Aus Sachsen

24 = **C** Willy Brandt

25 = **B** Tauben und Pferde

26 = **A** Knappschaft

27 = **C** Ahlen

28 = **B** Durch die Konkurrenz des Erdöls und billiger Importkohle

29 = **A** Gruppenarbeit unter Tage

30 = **C** Die flüchtigen Bestandteile der Kohle

Zitate

„Vor der Hacke ist es duster."
(Kumpelsprache)

„Alles kommt vom Bergwerk her ..."
(Aus dem Bergbau)

„Bergbau ist nicht eines Mannes Sache."
(Bergmanns-Weisheit)

„Aufrichtig, gottesfürchtig und fleißig dabei, dies sind die bergmännischen Tugenden drei!"
(Knappen-Spruch)

„Rostig wird die Grubenschiene, wenn der Hunt (Förderwagen) nicht drüberläuft. Faltig wird des Bergmanns Miene, wenn er ab und zu nicht säuft."
(Über den Bergbau)

„Arm wird der Bergmann geboren und arm geht er wieder dahin."
(Novalis)